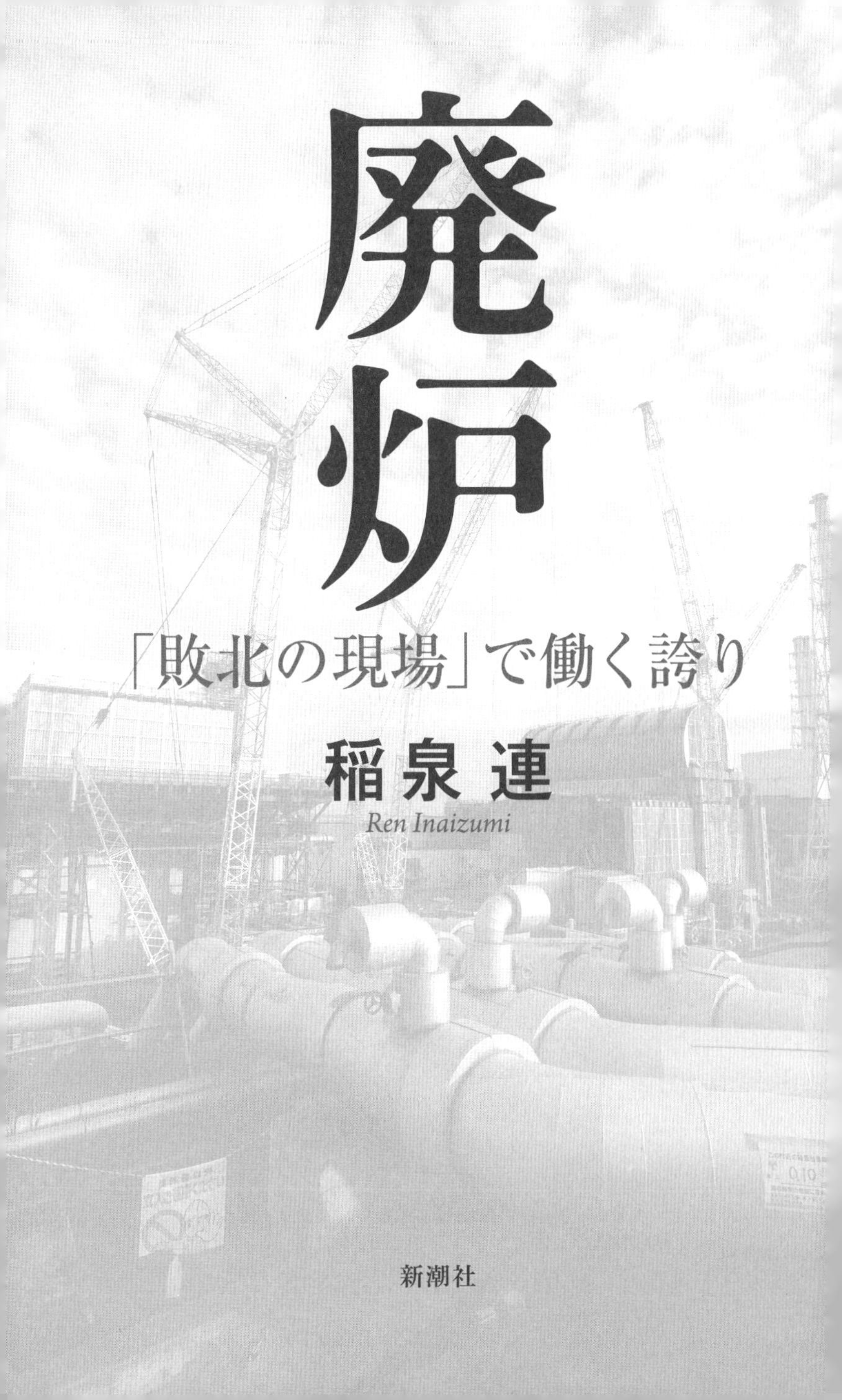

廃炉

「敗北の現場」で働く誇り

稲泉連
Ren Inaizumi

新潮社

プロローグ

その日、二〇二〇年八月二一日、福島第一原子力発電所の構内は、舗装された路面や置かれた鉄板に陽炎が立つ猛暑の中にあった。

廃炉作業が行なわれているその「イチエフ」の現場では、ピーク時におよそ七千人が働き、現在も約四千人が作業に当たっている。だが、気温の高い夏の午後の時間帯になるとすでに人の気配は希薄で、広大な構内には気怠い静けさが漂っていた。真っ青な空から降り注ぐ陽光はただただ眩しく、ときおり吹く海からの風もこの日は生暖かいばかりだ。作業着のチョッキに入れた保冷剤も次第に溶け、背中に水滴の伝う冷たさを感じた。

大熊町と双葉町に跨る福島第一原子力発電所は、前者の土地に一号機から四号機の原子炉建屋が建ち、後者に五号機と六号機の建屋がある。そのなかで、電源喪失によってメルトダウンを起こした一号機、二号機、三号機が並ぶ大熊町側の敷地は、標高によって三つのエリアに分かれている。一つは海と接した港湾部に当たる海抜四メートルの区域、次に一~四号機の原子炉建屋がある海抜十メートルエリア、そして、免震重要棟や汚染水を浄化する多核種除去装置、事務棟などの設備が建てられている三十五メートルの高台だ。

その三十五メートルエリアの先端の少し北側に、壊れた四つの建屋を一望できる地点がある。視察に訪れた人々がよく案内される場所で、安倍晋三、菅義偉という二人の首相も立った代表的なビューポイントである。

高台からは感覚としてはほとんど目の前といった距離に、四つの原子炉建屋と巨大クレーン、建屋内の水素の排出（ベント）に使われた白い排気筒が並んで見える。一号機と二号機の間に建つ排気筒の一つは半分の高さまで解体されたばかりだ。

事故から十年が経とうとしている今、世界を震撼させた原子力事故の現場をそうやって見ていると、すぐには言葉にできない割り切れなさが胸の奥から湧き上がってくる。今は気怠い午後の静けさの中で沈黙する複数のプラントの事故が、いったいどれだけの人々の生活と暮らしを壊したか――と思わずにはいられなかったからだ。

そして私が同時に思い起こしたのは、ちょうどひと月前、同じ大熊町で八年ぶりに町へ帰ってきた立場の異なる二人の人物から聞いた次のような話だった。

八年ぶりの帰郷

――そのうちの一人である渡辺利綱さんは、二〇一九年の一一月まで町のリーダーだった人だ。二〇〇七年から三期にわたって町長を務め、任期満了を機に退任した彼は、地震のあった翌日、福島県中通りの田村市の体育館への住民避難を指揮したときのことをこう振り返った。

「余震と寒さが厳しくてね……。誰もが殺気立っていたけれど、振り上げた拳のやり場も分からない。そんな雰囲気でした」

もうすぐ十年が経とうとする「あの日」の記憶が、彼にとってはまだ昨日の出来事にも感じられるようだった。

「徹夜続きでちょっとウトウトして、『いやあ、悪い夢を見た』って目が覚めたら、隣に局長や議長が同じように寝ている。それで、これは夢じゃなくて現実なんだ、と思うんです。あのときの気持ちは忘れられない」

福島第一原子力発電所の事故では、直後から二十キロメートル圏内の地域に避難指示が出された。翌月には同じ圏内が警戒区域に指定され、当時の民主党政権の指示による避難者は約九万人に上った。福島県内の全ての地域を含めた避難者の数は、ピーク時で十六万人を超えた。

原発が立地する大熊町と双葉町は、その中で全町民が故郷を失った自治体となった。渡辺さんが町長だった当時の大熊町の人口は約一万一千人。実にそのほとんどに当たる四千百五十六世帯が帰還困難区域に暮らしており、事故から八年後の二〇一九年四月に区域の一部解除がなされるまで、彼らは故郷に帰るという選択肢を奪われた。

現在、町では放射線量の低い大川原地区に役場や復興住宅が集約されているが、二〇二一年一月の時点で住民登録をしている帰還者はわずか二百四十二世帯・二百八十五人、役場の職員などを含めた町内居住者は八百六十人に過ぎない。帰還困難区域に指定されたままの双葉町は当然ゼロだ。

「八年というのは、やっぱり長すぎたな……」

渡辺前町長は呟くように言った。

役場機能の移転された会津若松市で、復興の陣頭指揮を執ってきた。二〇一五年には福島県内の汚染土壌の「中間貯蔵施設」の受け入れを、様々な意見がある中で決断した。しかし、いまの彼の胸に甦ってくるのは、数えきれないほどの対話を重ねた町民たちの言葉であった。

「俺も仮設で死んでいくのかな……。でも、俺が帰れなくても、息子が帰りてェって時に、戻れる環境を作ってくれよ」

「大熊町との縁は遠くなったけれど、私にとっての故郷はずっと大熊町です。だから、お盆やお彼岸に帰れるようにして欲しい――」

こうした言葉を振り返ると、渡辺前町長は「要するにさ」と言った。

「いま住んでいる人、戻ってきた人だけの大熊町じゃねェんだよな。多くの人が生まれ育ち、町を離れていった人たちもいる。その人たちも含めての大熊町なんだ」

復興の拠点と位置付けた大川原地区の避難指示が解除されたのは二〇一九年四月。翌月に役場機能を新庁舎に移し、隣接する復興住宅への入居が開始されると、彼はそれを「一つの区切り」として町長の座を後進に託すことを決めた。

「復興の前線基地がようやく整ったから、あとは若い人に別の視点から取り組んでもらうのがいい、と思ったんだね。大熊は中心区域の線量が高くて帰還困難区域だったから、昔のものを作り直すという発想はできない。だから、真っ新《さら》なキャンバスに絵を描くしかないんです。一人でも多く帰ってきて欲しいけれど、無理はしなくていい。それよりも、その新しい町づくりに一肌脱ぎましょうという人が、五十人でも百人でもいることが大事だと思う。そうした人たちに、時間がかかってもしっかりと町を作っていって欲しい。いまはそれを見守っていきたいという気持ちです」

同じ日、渡辺前町長のインタビューを終えた私は、彼の自宅から歩いて五分ほどの復興住宅地に向かった。

住宅地には四十二戸の新しい平屋の戸建てが整備されており、各戸の庭に植えられた花が色とりどりに咲いていた。主に会津若松から帰還した住民の多くは高齢で、夏の強い日差しの中で周囲は静まり返っていた。

山本千代子さんは二〇一九年、入居の募集に対して真っ先に申し込み、誰よりも早くこの公営住宅に暮らし始めた女性だった。

「私は以前、大熊町は戻りたくても戻れない町になってしまった、と思っていました」

この年で六十八歳になる彼女は小さなソファに座ると、まずははっきりとした口調でそう語った。

彼女は前年に一緒に帰還するはずだった夫を亡くし、一人でこの町へと戻ってきた。原発で事故が起こる以前、二人は町の中心街だった常磐線大野駅前で、小さな飲食店を三十六年間にわたって営んできたという。

二〇一一年の三十六年前と言えば、福島第一原発が営業運転を開始してから四年後の時期だ。原発の建設が始まる前、大熊町周辺の地域は貧しい農村地帯だった。産業と言えば農業と畜産、養蚕が中心で、農家の人々の多くが出稼ぎで生計を立てるのが当たり前だった。

そんななか、東京電力の原子力発電所の建設が一九六七年に始まる。多大な原発マネーによって町の財政は一変し、インフラや公共施設が整備され始め、大野駅前の繁華街が栄えた。当時は建設が終われば景気も冷え込むと言われたが、原子力発電所には定期検査や補修など様々な作業や工事があり、原発は町に安定的な収入と仕事をもたらした。北海道出身の山本さんが双葉町に生まれ育った夫と結婚し、この町に店を出したのも「原発」があったからこその選択だった。

「三十六年間、商売を続けてきて、やっとこの町を『故郷』と呼んでもいいのかな、町の人間として認められたかな、とようやく思えるようになったのにねェ」

と、彼女は言う。

福島第一原子力発電所での事故の後、大熊町への一時立ち入りが可能になると、避難先となった会津若松市から車を走らせ、山本さん夫婦はときおり店を見に行った。町は至る所が野生動物に荒らされ、草木が所かまわず勢力を増していた。歳月とともにただただ朽ち果てていく店を見る度に、「二度と来なくてもいいかな」と感じた。

「でも、会津若松に帰ってみると、今度は『やっぱり行かなきゃ』と思うんです。その繰り返し……。戻りたいという気持ちを断ち切る寸前だったけれど、やっぱり帰れるとなれば嬉しくてねェ。その矢先に主人が亡くなって、お店を再開するのは諦めました。でも、去年、建物を解体したら、かえってさっぱりした気持ちになったんです。この町はマイナスからのスタートです。でも、もし復興していく姿を自分の目で一から見られるのなら、それは素晴らしいことなのかもしれない。私は大川原が変わっていく姿を見ていきたい」

町への帰還を誰よりも早く決めたとき、会津若松でともに暮らしていた知人からは「ずるいね」と言われた。「帰る」という選択をした彼女の背後には、帰りたくとも帰れない多くの人たちがいた。

「子供が向こうの学校に通っている人もいれば、お年寄りを抱えている家族もいる。日本全国に今も大熊町の人たちは、いろんな事情を抱えて暮らしている。『ずるいね』という言葉には、本当は帰りたいという思いが込められているのだと思います。だから、私はこう言って町に戻ってきました。『私が最初に戻って、みんなが帰ってくるのを準備して待っていますから』って」……

ものを壊し更地にする

二〇一一年三月一一日一四時四六分、三陸沖でマグニチュード九・〇の地震が発生した。福島第一原子力発電所は津波によって浸水し、地下にあった予備電源も含めてすべての電源が失われた。一号機から三号機は原子炉を冷やすことができず、燃料が溶けて大量の水素が発生。一号機と三号機、三号機と繋がっている四号機の建屋が水素爆発に至った。

東電幹部が「火の粉を振り払うような状態だった」と言う初動を経て、「廃止措置終了」までの期間を三十年～四十年後に見積もった「中長期ロードマップ」が発表されたのは、二〇一一年一二月のことだった。

私はここ三年のあいだ、その「廃炉」の現場で働く東京電力や協力会社の社員、官僚やエンジニア、彼らの仕事を背後で支える人々に話を聞いてきた。「廃炉の現場」で働く人々のインタビューをしたいと考えたのは、究極的には「ものを壊し、更地にしていく」という目的のためだけに働く彼らが、どのような思いを抱えながら、日々の仕事に向き合っているのかを知りたかったからだ。

ある一人の技術者が事故後のイチエフを初めて訪れたとき、「敗北感」を抱いたという言葉が印象に強く残っている。その場所を科学技術の「敗北の現場」と呼ぶのであれば、彼らはそこでどのようなモチベーションを以て働いているのだろう。そこから浮かび上がる「仕事」というものをめぐる一つの本質を、彼らの姿を通して描けないだろうか。

また、廃炉の現場で働いた彼らの経験は――それが数多の側面のうちのほんの一面ではあっても――「廃炉」という現場の「最初の十年」の重要な一部である。そして、それは今後さらに数十年は廃炉作業が続いていくことを思えば、いつかこの事故を振り返り、検証するためにも記録されておくべきものであるはずだ――。それが取材を進めるに連れて私が強くしていった偽らざる思いである。さらには、事故から十年が経ち、現場では当時を知らない世代が働き始めている。事故の記憶がどのように伝えられているかも、本書のテーマの一つになるだろう。

だが、原発構内の高台から事故を起こした原子炉建屋を眺めているとき、「廃炉という仕事」の現場のいくつかのレポートを始める前に、立地自治体の一つである大熊町に暮らす人から聞いたばかりの言葉を、まずは書いておかなければならないという気持ちになった。

その理由は町の中心部からわずか数キロメートルの場所にある福島第一原子力発電所の現場が、取材で訪れる度、森と岸壁に囲まれた陸の孤島のように感じられたからかもしれない。「イチエフ」の現場に向かうとき、視察者や取材者は車で富岡町から国道六号線で大熊町に入り、しばらく人のいない帰還困難区域の光景を車窓に見る。割れたガラスが散乱したままのカーディーラー、震災当時と同じ状態で放置されたままの洋服店や飲食店……。個人宅の門扉の前にはアルミ製のシャッターが設置され、どこもかしこも生い茂った雑草に建物が覆われている。

かつて農地であった土地に目をやれば、地元の人々が「ヤナギ」と呼ぶ低木が目立つ。聞けば震災以来、そこではセイタカアワダチソウが群生し、ススキの群生と植生を争った後に現在の灌木が根を張り始めたという。

そんななか、幹線道路から発電所に向かう道に入り、警察官によるチェックポイントを過ぎると、道の先に福島第一原子力発電所の事務棟が唐突な感じで見えてくる。そこでは様々な企業の作業着を着た人々が、「こんにちは」「ご安全に」と挨拶をしながら行き交っている。

数千もの人々が「廃炉という仕事」に当たる現場は、それまでのひっそりとした道沿いの風景が嘘だったみたいに、さながら一つの街のような賑わいを感じさせる。その落差に一人の取材者として触れるとき、いつも私は言葉にできない戸惑いを覚えた。

かつて原子力発電所が事故を起こす前、東京電力の社員は町の夏祭りや花見に参加し、住民と様々な形で交流していた。渡辺前町長は「昔は〝電力〟の社員の人と言えば、自分の会社に対するいい意味での誇りも持っていたし、地域に溶け込む取り組みもしてました」と語る。彼は「東電がいていい思いもしたのだから、そんなに責められないという思いもあります」と続けるが、原発事故以降の東京電力は「加害企業」であり、四十年にわたって続いた町との交流は失われた。

それでも大熊町にとって「廃炉という仕事」を続ける彼らは、今なお文字通りの「隣人」であり続けていることに変わりはない。町の復興拠点地区である大川原には廃炉作業に携わる企業の事務所や食堂が集約されており、七百五十戸からなる東電の社員寮があるのも役場や公営住宅から道を一本挟んだ場所だ。

これから見ていく通り、廃炉の現場で働く人々は、メルトダウンを起こした原子炉を相手にする世界でも例のない仕事への強い思いを語り、ときにそのための技術開発を続けていく上での矜持を私に伝えた。私はその言葉の数々に幾度も胸を打たれた。

ただ、大熊町の復興拠点地区である大川原から、そうした「廃炉」の現場の姿は見えない。同じように、現場からは町に帰還した人々の声は聞こえてこない。

その意味で「廃炉という仕事」をめぐるいくつかのレポートを描こうとしているいま、「イチエフ」とともに生きてきた町のことに意識を向けておくことは、書き手である自分に対する一つの戒めでもある。大きな代償を払いながら、それでも「復興」のスタート地点にようやく向かおうとしている町にまずは立ってから、「廃炉という仕事」が続けられる福島第一原子力発電所の現場へと私は再び向かいたかった。

福島第一原子力発電所周辺地図

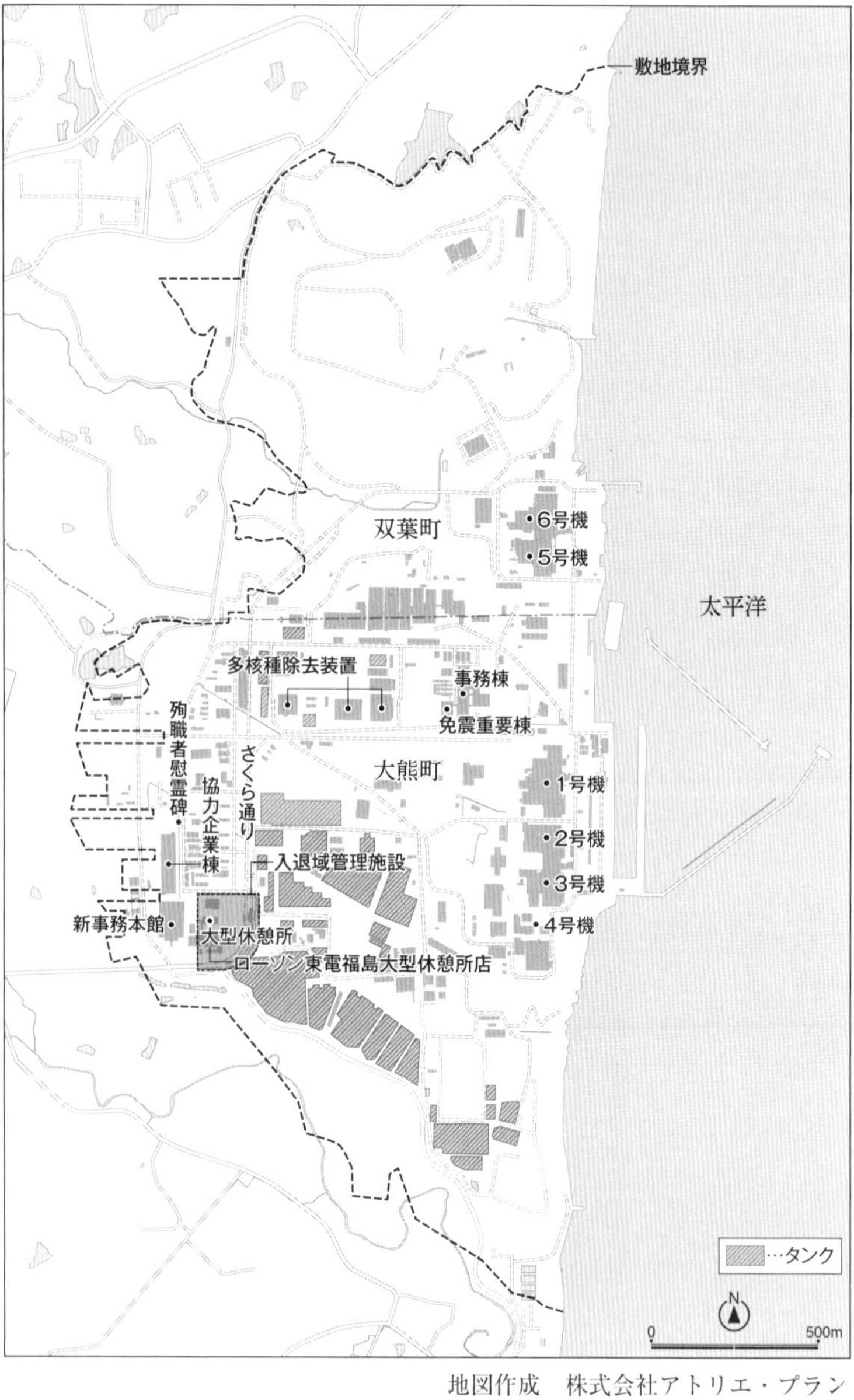

地図作成　株式会社アトリエ・プラン

廃炉　「敗北の現場」で働く誇り　目次

扉写真　田中和義
（新潮社写真部）
本文写真提供　時事通信社
装幀　新潮社装幀室

廃炉

「敗北の現場」で働く誇り

第一章

福島に留まり続けるある官僚の決意

「一生、福島においてください」

大熊町と双葉町に跨る福島第一原子力発電所に、「大型休憩所」と呼ばれる施設がある。二〇一五年五月に完成したその建物は鉄骨の九階建てで、隣接する「入退域管理施設」から渡り廊下でつながっている。床面積は約六千四百平方メートル、およそ千二百名を収容可能だ。休憩所の一階部分には四台のホールボディカウンターやサーベイ室、二階の渡り廊下の先には「ローソン東電福島大型休憩所店」と広い食堂があり、他の階にはそれぞれ三百名以上が休憩できるスペースとロッカーやシャワー室も用意されている。

東京電力の社員寮の近くの「福島給食センター」から地元産の食材を使ったメニューが提供される食堂は、一日を通して様々な企業の作業員たちで賑わう。二〇二〇年の新型コロナウイルスの流行後は、対面での食事の禁止や消毒の徹底といった対策がとられているが、それでも構内で最も賑やかな場所であることに変わりはない。

発電所の正門付近には他に、東京電力の協力企業のオフィスである「協力企業棟」、東電社員が働く「新事務本館」が軒を並べているのだが、どの建物も灰色の壁材で覆われていて窓がない。だが、大型休憩所の七階だけは例外で、ひっきりなしに訪れる視察者用のスペースがある。部屋の角には二枚の放射線遮蔽用ガラスが備え付けられており、構内の様子を建物から一望できる唯一の場所となっている。

窓からの眺めで何よりも視察者を圧倒するのは、各原子炉建屋を取り囲むようにして構内に敷き詰められた円柱形のタンクの多さだろう。

原発の核燃料は圧力容器に収められ、その外側を原子炉格納容器（ＰＣＶ）が覆っているが、福島第一原発の一号機から三号機では溶け落ちた核燃料がそれらの底で冷えて固まり、「デブリ」となって溜まっている。

建屋には核燃料の冷却のために循環させている水の他、日常的に雨水や地下水が入り込むため、今も一日に平均百五十トンの汚染水が生じている。タンクはその「処理水」を貯めておくもので、一つにつき容量は約千トン。それが千基以上すでに作られていることに加え、構内には現在は使われていない中小型のものも至る所に置かれているので、大型休憩所からの風景の第一印象は「タンクだらけ」というものだ。

私が木野正登《まさと》という名の官僚に初めて会ったのは、そんな「廃炉の現場」を初めて訪れた二〇一七年九月のことだった。

新事務本館での簡単なブリーフィングの後、免震重要棟で放射線防護服などの装備を整え、古いマイクロバスで三十五メートルエリアの高台に向かった。東京から来た取材者の顔を見に来たのか、長靴に防護服姿の木野はすでにバスの座席に座っていた。渡された名刺には「経済産業省資源エネルギー庁」という文字があった。お互いにマスクをしており、表情が窺えないままバスは唸るようなエンジン音を立てて出発した。

高台に到着して四つの原子炉建屋を眺めていると、彼はいつの間にか私の隣に立っていた。

「この廃炉の現場は、様々な企業の高い技術によって支えられているんです。彼らの存在なくして廃炉作業は成り立ちません」

彼らには国の担当者として本当に感謝している——しみじみとした口調でそう続けると、彼は建屋の一つひとつの特徴を説明し、それから一人で免震重要棟に戻っていった。そのように構内を自由に行き来する権限を持つ彼の姿は、初めて訪れた廃炉の現場で印象に残ったことの一つだった。

木野の肩書は資源エネルギー庁の「廃炉・汚染水対策現地事務所」の参事官である。経済産業省のいわゆる「キャリア」と呼ばれる技官——廃炉の現場を含む福島における国側の広報的な立場として、各地の行政が開催する地元住民説明会での説明役を担ってきた人物でもあるとのことだった。

以来、ときおり会って話を聞くようになったのは、彼が経済産業省の官僚としては異例の働き方をしてきたことを知ったからだ。

木野は本来は二年に一度は部署を異動する官僚組織の中で、事故後の福島にずっと留まり続けており、しかも、その人事は彼自身が強く望んできたものだというのである。

「一年に一度、秘書課からメールで送られてくる人事異動希望書には、いつも希望欄へ『一生、福島においてください』と書いてきました」

秘書課の担当者から電話で、「本当にいいのか」と念を押されたこともあったという。だが、その度に「本当にいいんです」と頑なに答えてきた、と彼は話した。

「私はこの一一月で五十歳になります。子供たちも成人していますしね。もちろん自分のその希望にどこまで実現性があるのかは分かりません。部署を決めるのは組織ですから。でも、もし廃炉と全く異なる場所に異動しても、私の心はどうしてもここに残ってしまうでしょう。福島を離れ、廃炉にかかわる仕事をしていない自分を全く想像できないんです。それは、あの事故を経験するまで全くなかった感情でした。事故が起こらなければ、経済産業省の様々な部署で、本来のあり方通りに働いたと思います。その意味であの事故は自分の人生を決定づけるものでした」

それにしても、私には不思議だった。福島第一原発での事故の何が彼にそう語らせるのか。正直に言えば私は彼に会うまで、原発政策にかかわる経済産業省の官僚に、必ずしも良いイメージを持っているとは言えなかった。東電とともに物事を結論ありきで進め、粛々と廃炉作業を進めようとしている当事者という印象を抱いていたからだ。

だが、実際に会う木野の印象は、それとは別のもう少し複雑なものだった。

例えば、大型休憩所の七階からの風景が示すように、メルトダウンを起こした原子炉建屋から出される汚染水の処理は、常に大きな課題であり続けてきた。その問題についての公聴会が富岡町で初めて開かれた二〇一八年八月三〇日、木野はいつものように国側の担当者の一人としてプレス対応を行なっていた。

現在も続く「処理水」の問題とは次のようなものだ。

東電は溶融した燃料デブリに触れる水を減らすため、サブドレンと呼ばれる井戸から事前に水を汲み上げ、建屋の周囲に一・五キロメートルにわたる氷の壁を作り、地表をモルタルで覆い……と様々な手段を講じてきた。よって二〇一四年には一日平均で約五百四十トンあった汚染水は、結果として三分の一以下まで減っているが、自然の水の流れを完全に制御することなどできない。

彼らは「セシウム除去装置」や「淡水化装置」「多核種除去設備」（ＡＬＰＳなど）を使用し、溶け込んだ放射性物質を汚染水から取り除いているものの、三重水素と呼ばれる水素と同じ性質を持った「トリチウム」は除去する方法がないため、処理後の水はタンクに溜め続けなければならない。

環境への影響が少ないとされるトリチウムは、もともと海洋への放出が行なわれてきた。だが、原子力規制委員会が示す希釈しての海への放出案は風評被害に結びつく。公聴会では地元からの強い反対の声が当然のことながら上がった。

また、このときもう一つ、現在にも続く大きな問題となったのは、そもそも処理水の約七割に基準値を超えるトリチウム以外の核種が残っており、「二次処理」が必要である事実を東電と国が積極的に伝えてこなかったことだ。東電はＡＬＰＳを稼働させ始めた当時の目的が海洋放出ではなく、「敷地境界線量」（一ミリSv《シーベルト》未満／年）を下げるためだったからなどと説明しているが、トリチウム以外の核種の除去はこの議論のスタート地点であり、その大前提についての説明不足が不信感を呼びこすのは当然だった。

とりわけ漁業関係者の懸念は強く、放出案をこれまで続けてきた試験操業の努力を踏みにじる「築城十年、落城一日」の行為だと批判した福島県漁連会長の言葉には、国や東京電力に対する積年の怒りが込められていた。こうした地元の人々に対する説明役として公聴会などに出席し、国の立場を話している一人が木野なのだった。

なぜ彼は「一生、福島においてください」と組織に伝えてまで、そのような難しい役割を自ら率先して望んできたのだろう。

私はそんな彼に少しずつ興味を引かれていった。彼がどれだけ「自分の言葉」で自らの経験を語ってくれるかは分からなかったが、廃炉の現場に携わり続けてきたこの官僚の体験を、それでも一つの記録として書き留めておきたいと思ったのである。

核の平和利用に携わりたい

震災からの十年近い歳月を振り返るとき、自分には決して忘れられない一つの光景がある、と木野は言った。

「あれは事故の起こった年、二〇一一年の七月頃のことだったと思います」

当時から福島県に常駐する国の広報担当者だった彼は、その日、住民の一時立ち入りに初めて同行した。胸に焼き付いているのは、津波と原発事故によって二重の被害を受け、町の犠牲者の多くが集中した請戸《うけど》地区で見た光景だという。

浪江町の海沿いに位置する請戸地区には震災前、約千八百人が住んでいた。地区を流れる請戸川の河口に港があり、漁業が盛んだった場所だ。福島第一原発からは十キロメートル圏内に位置し、津波による壊滅的な被害を受けた翌日の三月一二日に避難区域に指定された。津波による死者・行方不明者の数は百五十四人。原発事故によって捜索活動が妨げられなければ、救えた命もあったかもしれない。

木野が一時立ち入りに同行したその日は、立ち入りに合わせての慰霊が予定されていた。彼は新聞やテレビの記者とともに現地へ向かった。そこは海から百メートルほど離れた十字路で、周囲には津波で打ち上げられた船や建物の瓦礫が手つかずのまま残されていた。

防護服姿の住民たちが花を持ち寄り、ビールケースや漁港のトロ箱で作った臨時の祭壇に供えていく。そんななかで、僧侶による読経が始まった。

慰霊碑の代わりに使われたコンクリート塀の残骸に、次のような言葉がマジックで書かれていた。

亡くなった請戸の方へ
残った者たちは、ガンバッテ
生きていきますので
安心して永眠してください

近くの塀に目を向けると、そこにも「今でも全員を家族の元に送れなくてゴメンナサイ　絶対にあなた方の死は無駄にはしません!!　いつか必ず浪江を復興させます　4／24」という殴り書きがあった。

その場にいる多くの人たちが泣いていた。

津波で喪った家族の乗っていた車を見つけ、泣き崩れる人がいた。すぐ近くでは、子供を亡くした母親が打ちひしがれていた。気づけば彼自身も胸が詰まり、いつの間にか涙を流していた。

以来、木野は休みの日になると、浜通りの避難地区をいくつも見に行くようになった。

「どの現場を見ても、なにかもう、やるせなさを覚えて……」と彼は言う。イノシシなどの野生動物に荒らされ、地震のあった日のままで放置されている家々、ただただ鳥の鳴き声だけが聞こえる人のいない町――「本当に取り返しのつかないことをしてしまったんだな」という思いが自ずと胸に湧いた。


木野は一九六八年に東京都墨田区に生まれた。埼玉県の狭山市でしばらく暮らした後、小学校五年生のときに神奈川県の川崎市に引っ越した。建築士だった父親を小学校六年生の時に亡くし、それからは母子家庭で育った。

推理小説や中国の歴史小説が好きで図書館によく通っていた彼は、少年時代のある日、その近くの公民館で『はだしのゲン』の実写版映画を観たと振り返る。市民団体が企画した催しで、ふと興味を抱いて立ち寄ったのだった。小さな会議室に入ると、小学生は自分だけのようだった。高校生や大学生と思しき大人に交ざって、彼は作者の中沢啓治が自らの体験を元に被爆した広島を描いた物語を初めて観た。

「とても衝撃を受けました」

と、彼は語る。

「主人公のゲンが被爆して髪の毛を触ったら抜けてしまうシーンや、兄妹たちが死んでしまう悲惨なシーンが、はっきりと胸に焼き付いたんです。いま思えば、それが原子力というものに興味を抱いたきっかけでした」

中学生の頃になると、彼は雑誌「ニュートン」を好んで読むような科学少年になっていた。そんななか、原子力発電の特集に強い興味を引かれ、東京大学の工学部に進学、原子力工学を専攻した。就職活動では東京電力の入社試験も受けたが、最終的に旧通産省を選んだ。

「頭の中に核の平和利用に携わりたいという思いがあったからでした。電力会社は商売としての原子力発電ですが、役所にいればＩＡＥＡ（国際原子力機関）に行ったり、核兵器廃絶に繋がる仕事に就いたりできるかもしれない、と漠然と思ったんです。要するに私は政策として原子力発電を推進する立場を選んだわけです」

原子力発電所が深刻な事故を起こし、地域の人々の暮らしを様々な意味で破壊したという事実は、だからこそ彼にとって大きな衝撃であったに違いない。

新人の頃から原発周辺の部署で働いてきた木野は、原子力安全・保安院で柏崎刈羽原発を管轄する事務所長や、出向先の文部科学省所管の原子力安全センターで「ＳＰＥＥＤＩ」（緊急時迅速放射能影響予測ネットワークシステム）の担当をしたこともある。ＳＰＥＥＤＩは原子力施設での事故の際、気象条件や地形データから放射性物質による影響を予測するシステムである。

震災のあった日、四十二歳だった彼は原子力安全・保安院の産業保安監督部で働いていた。電気やガス、鉱山での事故対応を担う産業規制の部署で、庁舎はさいたま新都心にあった。

激しい揺れの後、停止した火力発電所やコンビナート火災の対応に奔走していると、テレビから「原子力災害対策特別措置法第十五条」が適用されたという声が聞こえ、「え？」と思わずモニターを見上げた。

「緊急事態の発令を意味する十五条通報が実際に起こった――。何かの間違いだと感じました。でも、それからしばらくして、今度は『ベント』ですからね……。ベントなんて大学での学問としては聞いていたけれど、実際にするのか、って。放射性物質をばら撒くしかないところまできているんだ、と。これは相当マズいことになっていると知った翌日に、あの爆発が起こりました。もし格納容器が爆発していたら、ものすごい量の放射性物質がばら撒かれるわけですから」

イチエフでの原子力災害が決定的なものになると、彼はすぐさま福島県へ派遣された。

これは後に分かったことだが、三月一二日に一号機が水素爆発を起こす以前から、周囲の放射線量はすでに高まり始めていた。

「まだ大熊町にあったオフサイトセンター（緊急事態応急対策拠点施設）の放射線班が、現地でモニタリングをしていたんです。その情報が東京に伝わらず、報道されなかった」

政府や自治体の災害対応担当者は原子力施設での緊急事態に際して、原発から五キロほど離れたそのオフサイトセンターに集まることになっていた。だが、センターには非常食が数日分しかなく、建物自体も十分な放射線防護ができていないという有り様だった。建物内の線量も上昇し、本来の機能を果たせないまま退避命令が出る。

そうして一五日にオフサイトセンターの機能は福島県庁へ移転されるのだが、木野が現地に着いたのは五日後の三月二〇日。彼はすぐさま広報班長に指名され、福島でのマスコミ対応の責任者となった。モニタリングや野菜の出荷制限などの情報を、殺気立ったプレスに説明する役割である。以来、彼は現在に至るまで福島で働き続けているわけだ。

現場で感じた国への不信感

取材中、常に落ち着いた様子で静かに話す彼が、一度だけ複雑な感情を露わにした瞬間があった。それは福島県庁のオフサイトセンターに着いた際、かつて担当していたSPEEDIのデータが気になり、放射線班の担当者に「どうなっているの？」と確認したときのことだ。

「データは届いていたのですが、『外に出すなと言われています』と言われたときは、信じられない気持ちでした。『誰がそんなことを言っているんですか！』と聞いたら、『官邸です』と」

　ＳＰＥＥＤＩの運用をめぐる混乱の背景には、各機関の連携や情報伝達の不備、使用されるデータについての議論など、様々な要因が複合的に絡み合っている。だが、文科省がその予測値を使用してモニタリングの場所を選んだという事実もあり、データの公表が避難活動にも活用できたはずだった。

　このときの木野はデータが避難活動に活用されておらず、今後もすぐには自治体や住民に伝えられないという方針を初めて知り、愕然とする思いを抱いたのである。

「……後に政治家の人たちは、『パニックを恐れて公開しなかった』と言ったようですが、私には真意は分かりません。でも、ＳＰＥＥＤＩはどの方角へ放射性物質が飛んでいくかを予測するものです。住民がどちらに向かって逃げればいいかを示す指標、まさに住民のためのシステムだった。その情報を活用しないというのは悪だと思いました。理由はどうあれ、住民を避難させるためのシステムの情報を、端から見れば『公開するな』と国が言ったわけですから」

　そこには現場にいた技官である自分自身への怒りも含まれているようだった。彼は自分の感情をそのまま語ることを抑え込むようにして続けた。

「残ったのは事実だけです。例えば、浪江町では線量の非常に高かった津島地区に、住民を逃がしてしまった。そこに留まって外で炊き出しをして、そのご飯をみんなが食べていたんです。対応の初動で重要なデータが隠された形になり、しかも線量の高いところに住民を逃がしてしまったことで、（二〇一八年六月に亡くなった）馬場有《たもつ》町長には国に対する激しい怒りが残りました。なぜ情報をいち早く公開しなかったのか。それがどれほど国への不信感を人々に与えたか……」

彼があえて今もこう語るのは、その「不信感」が現在まで地続きのものとして引き継がれているからだ。被災地の町で様々な説明会が開かれるとき、彼はここで語られる「国」そのものとして壇上に立つ。この十年近くのあいだ「国」の代表者として、人々の不信感と向き合う立場であり続けてきた。そして、その「国」は地域の自治体や住民と様々な対立関係にもあった。

木野は震災直後に現地対策本部の広報班の班長に就任した後、統括班長や放射線班長を併任し、二年後の九月に楢葉町のスポーツ施設・Jヴィレッジ内に現地事務所ができるまで、オフサイトセンターで働いた。

彼の部署が福島第一原発に近いJヴィレッジ内に移転したのは、同じ年の夏、東電の起こした約三百トンの汚染水漏れの判明がきっかけだった。

漏水の原因はボルト締めの「フランジ型」のタンクにあり、その後、タンクを現在の熔接型のものに入れ替える作業の重要性が高まっていく。このとき総合的な汚染水対策を現地で行なう必要を痛感した政府は、経産省の当時の副大臣・赤羽《あかば》一嘉《かずよし》の指示で事務所を現場の近くに置くことにした。そうして木野は現地廃炉汚染水対策チームの汚染水対策官を兼任するようになり、地元対応や広報、東電側との調整、情報交換を一手に引き受けるようになっていったのである。

汚染水対策官に就任してからすぐ、彼は朝日新聞から取材を受けて「ひと」欄に登場している。国の一行政官が新聞の以下のような欄で紹介されるのは、かなり珍しいことだと言えるだろう。


「私たちを逃がして下さい。不安でたまらない」。東京電力福島第一原発が相次いで爆発したころ、地元女性から深夜の電話を受けた。福島赴任を命じられ、震災9日目に政府の現地対策本部広報班長に着任した直後。その叫びは耳の奥から消えることはない。

川崎市内の図書館で映画「はだしのゲン」を見て衝撃を受けた12歳の少年は「核の平和利用」を志し、東大で原子力工学を修めた。エネルギー政策に身を捧げるつもりで通商産業省（現経済産業省）に入省。そんなエリート官僚の自信を打ち砕く2年半余だった。

「霞が関からは絶対に見えないもの」をたくさん見た。警戒区域を歩き、海辺に立てられた手作りの木の墓標の前では涙が止まらなかった。避難区域見直しの説明会では「あんたらどうせ東京に帰る。家族と一緒に仮設住宅に住んだらどうだ」と迫られた。

「自分のやってきた学問は何だったのか。自分も安全神話に踊らされていた」。自問の中で汚染水漏れ対応に追われた9月末、汚染水対策官に指名された。

「移送先タンクの確認を」「ポンプ要員を増員すべきでは?」。10月の台風接近の夜、コンビニ弁当持参で原発構内の免震重要棟に泊まり込み、東電や本省と徹夜でかけ合った。

「現実的な解は現場にしかない」。どこまでできるのか。ぎりぎりの格闘が続く。
（朝日新聞二〇一三年一一月二日）

ちなみに、後に問題となるトリチウムを含んだ膨大な量の水の処理（二〇二〇年八月時点で百二十二万立方メートル）については、明確な方針が未だ決まっていない。

二〇二〇年一〇月中旬、国が処理水を再浄化して基準値以下まで希釈した後、三十年程度かけて海洋に放出する方針を月内にも決定する、との一報が流れた。だが、タンク内の水の七割にはトリチウム以外の放射性物質が残っていることが伝えられており、多くの懸念の声が上がるなかで政府は方針の決定を見送る。東電は二〇二二年にはタンクを建てる敷地がなくなり、容量が上限を上回るとしてきたが、一転してタンクのさらなる増設を含めて風評被害対策などの検討も続けるという。

現在も二転三転するそのような問題の国側の担当者として、地元の「理解」を求めるのが木野の仕事の一つであることはすでに述べた。だが、そもそも彼は現地事務所が設置される前の二〇一一年五月頃から、地元の漁業者への説明を振り出しに、避難指示区域の住民説明会などへ数えきれないほど出席してきた経験を持っている。

今も木野の記憶に焼き付いているのは、初めてある自治体の漁業協同組合への説明会を開いたときのことだ。

事故からわずか二か月後、補償制度や対策が決まっていない状態での説明会は怒号の嵐となった。

「二時間、袋叩きに遭いました」と彼は自嘲気味に笑う。

「どうなるか自分自身にも分からないし、参加者の方々に何も具体的なことが言えない。怒号の中でひたすら謝り続けるしかありませんでした」

だが、二時間にわたった説明会が終わったとき、彼は若い漁業者の夫婦に話しかけられた。

「あなたもすごい大変だと思うけれど、私たちも津波で船が流され、海も汚染されて、明日からの生活をどうやっていけばいいのか、とても苦しい思いをしている。だから、みんなすごい言葉をあなたに浴びせてしまったけれど、ごめんなさいね」

不意にかけられたその言葉に思わず胸が詰まった。

その後、何度も住民説明会を続ける中で、彼は少しずつ「福島から自分は離れられない」という思いを持つようになっていったと語る。例えば避難指示区域の説明会では内閣府の被災者支援生活チームなどが出席するが、彼らの多くは東京から来た人々だ。説明会が終われば木野は福島に残り、彼らは東京へ戻っていく。

「避難指示の解除についての説明会では、必ずと言っていいほど被災者の方々からこう言われます。『おまえら国は俺たちに帰れ帰れというけどな、あんな線量の高いところに帰れるか』『安全だと言うなら、家族を連れてこっちに住んでみろ』と。言われる度に、まさしくそうだよな、と私は感じてきました。彼らはまさにその場所へ帰る人たちで、我々はたかだか人生の一時期の話なのですから」

木野はしばらくして、そうした中で出会った被災地の人々の一部と、プライベートでも交流を重ねるようになっていった。田植えや稲刈り、地域のマラソン大会に呼ばれれば参加し、酒を酌み交わす知人も増えた。

そのなかで、彼は次第に「私くらいはこっちに永住しよう」と思うようになった。「地元の人との交流が増えれば増えるほど、自分が東京に帰るのは裏切りだと感じるようになった」からだと言う。

「原子力を学んできた人間として、廃炉が本当にやり遂げられるのかを、自分の目で見届けたいという思いももちろんあります。デブリを本当に取り出せるのだろうか、と。あの事故が起こる前は、私自身の中にも安全神話というものがありました。〝電力〟から事故は起こりえないと言われてきたのを信じていましたよね。でも、事故によって私の考え方はやっぱり変わらざるを得なかった」

原子力を学び、それにかかわる仕事をしてきた自分には責任があります――と彼は続けた。

「福島に居続けて廃炉にかかわる仕事をすることが、自分の責任の果たし方なのではないか。福島をこれだけ不幸にしてしまったことに対して、自分が何かの役に立てるとすれば、廃炉という仕事をきちんと進めていくことしかない、という思いがあるんです。東電の人たちにも同じ思いがあると信じたい。このような事故を起こしておいて、そうした意識が生まれなかったら終わりでしょう。第一原発の廃炉は政権が変わろうが何だろうが、再稼働をしようがしまいが、やらねばならない仕事なのですから」

「普通」であることの難しさ

だが、一方で彼は福島で過ごしてきた日々の中で、そうした東電への懸念をより強めてもいるようだった。

例えば、ある日のインタビューのときのことだ。

東電は「イチエフを『普通』の現場にする」を合言葉に、現場の労働環境の改善を進めてきた。もちろん本丸の原子炉は人を寄せ付けず、その周囲では完全防護の装備で仕事を行なわねばならないことに変わりはない。だが、それ以外の場所では確かに構内での除染も進み、休憩所などでは作業員たちの表情もかなり和らいだものとなっている。

そのことを踏まえた上で、「大型休憩所の食堂や医療体制が整備されて、現場の労働環境も徐々に整ってきているんですね」と私が水を向けると、木野は「確かにそうなのですが……」と少し口ごもってからこう続けた。

「確かに現場の労働環境は『普通』になってきたかもしれません。それは良いことではあるのですが、その中で東電自体の事故に対する意識までもが、『普通』の状態になりつつあるのではないか。現場の労働環境が整うのは素晴らしい。でも、地域の現状を見れば、事故当時のまま時間が止まっている住民の人たちがいくらでもいます。とても『普通』とは言えないわけですよ。だから、決して企業の体質まで前と同じようになってはならない――」

このとき木野がとりわけ強調したのは、地域とのコミュニケーションをしっかりと取る姿勢の重要性だった。

「残念ながら最近の東電には、何を言われようとも地域に飛び込んで、対話をしようという人がいないように感じるんです。事故から時間が経ち、当時のあの状況を経験していない人たちが現場の責任者になるに連れて、（加害企業としての）意識が薄まっているように感じます。それが大きな課題だと思うんですよ」

そう語ると、彼は二〇一八年八月に物議をかもした「原発クリアファイル」の問題を一例として挙げた。この月、東電は視察者からの要望の多さを受け、構内のローソンで原発建屋の写真を載せたクリアファイルを販売。加害企業としての意識に欠けるとの批判を受け、一週間で販売中止とした。この出来事について、「そうしたものを単なるお土産として売ろうとしてしまうところに、事故の当事者としての意識の希薄さが現れていたと思います」と彼は言うのである。一事が万事というわけだ。

国の方針や政治決定された事案や方針を、現場で住民に向けて説明するのが木野の立場だ。「処理水」の問題にしても世論には強い反対意見があり、一方でタンクでの保管そのものが風評被害につながるという声もあるという。そうした声を前面に立って受け止め、理解を求めようとする彼の役目からすれば、住民とのコミュニケーションを積極的に取ろうとしない東電のあり方には疑問を覚えるものがあるのだろう。

私には木野のこの認識に同意する気持ちがあった。次章以降で描いていく取材の中で、「現場が目標に向かって一つになっていると感じられたのは最初の頃だけだった」という趣旨の感想を、建設会社などの関係者も口々に語っていたからである。

いわく、当初は東電の側が頭を下げて事故の収束への協力を要請したが、現場が「普通」になるに連れて、震災前の「発注元」と「請負先」のビジネスライクな関係へと戻りつつあるのを感じる、と彼らは吐露していた。取材後の雑談程度の会話ではあったが、リスクの高いイチエフの現場で彼らはそれ相応の「思い」を持って働いている。震災前に顕著だった東電の殿様気質が、担当者の態度に現れつつあるのだとしたら、それは危険な兆候だといえた。

「クリアファイルを作るにしても、地域との共生を重視したやり方をすべきだったんです。それは東電が地域に貢献するチャンスでもあるのに、住民に対する意識が疎かになっているから、あのような問題が起こるのではないでしょうか。事故を起こしたからこそ、これまで以上にコミュニケーションを取るべきなのに、廃炉が彼らにとって『普通の仕事』になってしまっているのではないか。だとすれば、この先何十年と続くこの廃炉事業にとっては非常にマズいでしょう。これは僕たち国も同じかもしれませんが、あれだけの事故を起こして許されると思ってはいけないんですよ――」

イチエフを案内する権限を持つ木野はこの数年、大学生や経済産業省への内定者、その他にも知り合った企業の社員や原発事故に興味を持つ人を対象に、原発構内や被災地を巡る活動を個人的に続けている。

「事故がもたらした現実を一人でも多くの人に知ってもらいたい、と思っているんです」

その活動で学生を連れ、大熊町の帰還困難区域を案内していたある日のことだ。木野は震災当時のままの状態で放置されている小学校で、津波によって小学生の娘を亡くした一人の父親と出会った。避難先から週に何度も町に来て遺体捜索を続けてきた彼は、そのインタビューがメディアでも多く紹介されている人だった。木野も住民説明会の場で顔は知っていたが、ゆっくりと話をしたのはそのときが初めてだった。

父親は自宅のあった場所に花壇を作り、たくさんの花を植えていた。そこは「中間貯蔵施設」の広大な予定地の一部だった。「決して土地を売るつもりはない」と彼は言った。「当然だ」と木野は思ったと振り返る。

木野は彼に頼んで花畑の一角に薔薇を植えた。一度だけ、私は案内されてその場所を訪れたことがある。

「私もこの場所は残してほしいと考えています」

花壇の雑草を抜きながら木野は言った。

「こうした人たちの思いは環境省も理解しているはずです。でも、もし彼らが強制的な手段に出てくるようなことがあれば、私はトップと掛け合ってでもこの場所を守りたい」

――故郷を失った人々に対して、「この場所に住む」という木野の思いがどれほど伝わるかはわからない。鼻白む気持ちを抱く人もいるかもしれない。実際、対立する立場の漁業者に、彼がプライベートな関係を築けた人はいないようだった。それでもこの十年近く、彼は自分一人でも福島に居続けると言い続けてきた。

どれだけ「議論を尽くす」「住民の理解なしに廃炉は進められない」と口にしても、国がひとたび政治的な決断を下せば、彼は国側の担当者として政策の実行のために働き、対立する人々にも「理解」を求めなければならない。それが「許されると思ってはいけない」と語った彼にとっての「廃炉という仕事」であり、そして、その「仕事」は取材者である私から見れば、人々の分断をさらに深める可能性を孕むどこか引き裂かれたものにも思えた。

だからこそ、淡々としながらも熱を込めて話すその言葉を聞いていると、私はこう思わずにはいられなかった。彼がこの土地で出会った人々と立場を超えて心から笑い合える日が、いつか訪れることはあるのだろうか——と。

いずれ木野にも官僚組織を離れる日が来る。そのとき未だ終わっていない廃炉作業を、彼はどのような形で見続けているのだろう。荒野のような中間貯蔵施設の予定地を見渡すその姿には、どこか言いようのない寂しさが感じられた。

第二章

四号機を覆え

東京タワーと同量の鉄骨

福島第一原子力発電所の広大な構内が、標高によって三つのエリアに分かれていることはすでに述べた。

一〜四号機の原子炉建屋があるその海抜十メートルのエリアにおいて、各号機では使用済燃料や最終的なデブリの取り出しに向けて、建屋の損傷に応じた全く異なる手法が取られている。そのための土木・建設技術は鹿島建設、清水建設、竹中工務店といった大手ゼネコンが分担しており、それぞれにＪＶ（共同企業体）を結成して社員や作業員の交流も行なわれてきた。

前章の木野にイチエフ内で初めて会ったとき、彼は高台から四つの建屋を見渡しながら、

「この廃炉の現場は、様々な企業の高い技術によって支えられているんです。彼らの存在なくして廃炉作業は成り立ちません」と言っていた。

なるほど、深刻な事故を起こした四つの建屋を高台から比べて眺めるとき、確かに実感するのは、「廃炉作業」という仕事が建屋ごとにそれぞれ異なる巨大プロジェクトであることだった。

まずは水素爆発によって建屋の上部が吹き飛ばされ、鉄骨が剝き出しになった一号機。その最上階のフロアには大型の瓦礫が未だ積み重なっているため、使用済燃料を取り出すためには遠隔操作での瓦礫撤去が必要だ。原子炉格納容器（ＰＣＶ）の底には溶け落ちた核燃料（デブリ）が溜まっており、内部調査を進めていく段階にある。

隣の二号機は四つの建屋の中で最も以前のままの外観が維持されている。二号機が水素爆発を免れたのは、一号機の爆発によって建屋のパネルが開き、そこから水素が排出されたからだった。よって、海をイメージしたという水色に白のモザイク状の模様が入った壁面のデザインがよく分かる。だが、その天井の裏側にはべったりと放射性物質が付着している。屋内の放射線量は非常に高い。

一方で格納容器内の調査が最も進んでいるのはこの二号機で、二〇一九年二月にはデブリと思われる小石状の堆積物を「つかむ」ことに成功した。また、建屋の隣に構台を建て、使用済燃料プールからの燃料取り出しを遠隔操作で行なう準備も進められている。

そして、四つの建屋のうちで最も特異な見た目なのが三号機だろう。

一号機と同じく建屋の上部が爆発によってひどく損傷した三号機には、瓦礫の撤去が終わった後、屋根の上に巨大な筒状のカバーが載せられた。これは使用済燃料の取り出し作業のための構造物で、かまぼこを輪切りにしたような八つの部位をつなげたものだ。巨大な天体望遠鏡が載っているような外観が異様である。その構造物の中では、二〇一九年から遠隔操作による使用済燃料の取り出しが続いている。

四号機の外観もまた、三号機に劣らず異彩を放つものだ。三号機でベントが行なわれた際、配管を逆流した水素が充満して爆発した四号機建屋は、事故当初、核燃料が収納されている使用済燃料プールが空から丸見えになった。その後、建屋は灰色をした逆L字型のカバーで覆われ、二〇一四年一二月に使用済燃料の取り出しが完了した。

竹中工務店が設計・施工を担当したその逆L字型のカバーには、東京タワーとほぼ同量の約四千二百トンの鉄骨が使用され、建屋にがっしりとはめ込まれている。見るからに頑強そうな灰色の鉄骨とカバーの内部には燃料の取扱い設備があり、実際に作業員が中に入って使用済燃料の取り出しを行なった。四号機の使用済燃料取り出しは、当初の「廃炉ロードマップ」の期限通りに作業が完了したプロジェクトとなっている。

では、廃炉作業を支えるそうした技術とはどのようなものであり、そこにはどのような人たちの「廃炉という仕事」への思いがあるのだろうか。この章では廃炉作業の最初の十年における前半の成果の一つ、四号機の使用済燃料の取り出しが、いかにして実現されたかを当事者の証言によって描いていきたい。

四号機は最後の砦

それは福島第一原子力発電所が津波に襲われ、原子炉を冷やすための全ての電源が失われてから一週間が経った日のことだった。

東京電力の原子力部門のエンジニアだった岡村祐一は、爆発した四号機の原子炉建屋を初めて見上げたとき、あまりの現実感のなさに足下が揺らぐような感覚を覚えた。まるで映画を見ているようで、目の前の光景が現実のものとして理解できなかった。

周囲には津波による瓦礫と吹き飛んだ屋根などの部材が散乱しており、周囲はまさに「戦場」のようだった。剝き出しになった使用済燃料プールからは、もうもうと湯気が上がっていた。プールの温度が上昇しているのは、燃料集合体が崩壊熱を水の中で放っているためだった。

しばらく彼は茫然と立ち尽くしていたが、身に付けている線量計が耳障りな音を立てて我に返った。燃料プールはまだ水で満たされた状態だったものの、燃料がいまこの瞬間にも野天に晒されるかの如くそこにある——そう思うと、彼は自身に課せられた仕事の重大性に心を震わせざるを得なかった。

事故前、東京・新橋にある東京電力の本社ビルで働いていたとき、岡村は定期検査機材の設計やメンテナンスのシステム開発チームのマネージャーをしていた。二〇一一年三月一一日、緊急時の招集がかけられて以来、露出した四号機の燃料プールへの注水をいかに実現するかが、事故対応を行なう彼のチームに与えられた任務だった。

メルトダウンを起こした一号機から三号機はそれぞれに予断を許さない状況だったが、当時において最も時間的なリミットが迫っていたのは四号機だった。

一号機から四号機までのプラントの中で、定期点検中だった四号機は運転を停止していた。そのため、原子炉にあった燃料は全て使用済燃料プールに取り出されており、その本数は千五百三十五本にのぼった。

そんななか、使用済燃料プールの冷却機能が失われた四号機の建屋が爆発したのは三月一五日。前日の時点でプールの水温は八十四度まで上昇したと記録されており、このまま注水が行なわれなければ、三月下旬までに燃料の上端まで水位が低下することが予測されていた（そもそも四号機のプールに水が残っていたのは、震災前の工事の遅れによってプールの隣の「原子炉ウェル」と「ドライヤー・セパレーター・ピット」に溜めたままになっていた水が、仕切り板に生じた隙間から流れ込むという偶然が背景にあったとされる）。

プールの水位が低下して燃料が露出することは、その時点で考え得る最悪のシナリオだった。それは後に明らかにされたように、当時の官邸が首都圏を含む数千万人規模の避難を検討していたことからも分かる。

「もし水が干上がって燃料が空気に触れれば、建屋から大量の放射性物質が出てきてしまう。一、二、三号機の状況を考えれば、四号機は最後の砦でした。守れなければかなり厳しい、と。アメリカのホワイトハウスからもホットラインで頻繁に連絡がきており、空母のロナルド・レーガンが太平洋上でサーチをしていました。四号機がダメだったら、その時点で全員が退避するというのが彼らのオペレーションでした」

岡村が実際に現場を訪れるまでには、自衛隊機による空からの水の投下、東京消防庁のハイパーレスキュー隊によるポンプでの注水など、いくつかの手段が決死の覚悟を以て試みられてきた。だが、空からの注水では水が霧のように空中で散ってしまい、消防庁の消火用特殊ポンプもまた、約十メートル四方のプールにピンポイントで水を入れるという目的には適さなかった。

その間、岡村は富山県の製氷業者に連絡を取り、巨大な氷を大量に手配したり、米軍の基地に高所へ水を送れるポンプがないかと探しに行ったりもした。集められた氷は福島第二原子力発電所まで輸送され、ひとまず駐車場に山積みにされて置かれていた。だが、それをどのように使用済燃料プールに入れればよいかは分からず、氷は時間とともに空しく溶け始めていた。

「しかし、電源が全くないなかで、上の方を眺めればもくもくと蒸気が出ている。内部の配管も使い物にならなくなっていて、指をくわえて見ているしかない状態なわけです。そのなかでいったい何ができるのか……と本当に必死でした」

イチエフで現場を指揮する所長の吉田昌郎《まさお》からは、「四号のプール。四号のプールだ！なんとかしてくれ」という叫びのような声が届いていた。本社の会議室で聞いた彼の声は、今でも岡村の記憶に焼き付いたままだ。

四号機の注水に活路が開かれたのは三月一七日、地方の建設業者から官邸に寄せられた一つの提案がきっかけだった。

「ビルなどの建設現場で使う重機には、大型のもので六十メートルの高さまでコンクリートを入れられるポンプ車がある――」

業者との連絡は混乱の中でスムーズにはいかなかったものの、結果的に三重県と岐阜県にある二社が、手持ちの車両を物資集積地の北限となっていた小名浜まで実際に運んでくれることになった。

しかし、原子炉建屋の高さは五十メートルあり、「五十メートル＋十メートルくらいの腕の長さがないと、燃料プールまで水が届かない」というのが東京電力側の判断だった。提案のあった重機の高さは五十二メートルだったため、岡村は六十メートル級のコンクリートポンプ車をすぐさま探し始めた。

インターネットで検索してみると、ドイツの建設機械メーカー・プツマイスター社の日本法人が、高所用のポンプ車を販売していることが分かった。


「キリン作戦」


プツマイスターは世界中に現地法人を展開する企業で、チェルノブイリでの原発事故の際にもそのポンプ車がプラントの石棺建設作業に使用されたことで知られる。ドバイのブルジュ・ハリファの建設では、超高圧のコンクリートポンプ車で六百六メートルの高さまで生コンを圧送し、その数字は世界記録となっている。

岡村は千葉県にあるプツマイスター・ジャパンに「東京電力の岡村と言います。ご迷惑をおかけしています」と電話をかけた。

それからコンクリートポンプ車を購入したい旨を伝えると、電話に出た担当者にはそれ以上の説明はいらなかったと話す。

今から振り返るとき、それはすでに十分に最悪の事態となっていた原発事故の初動のなかで、奇跡的とも言える紙一重のタイミングだった。後に高所にパイプを伸ばす姿になぞらえて「キリン作戦」と名付けられ、注水に使われた「M58－5」という六十メートル級のポンプ車は当時、日本に一台しかなかった。しかも、その一台はすでに上海の企業に販売されており、横浜港で数日後の出港を待っている状態だったからだ。

「とにかくその一台を押さえたんです。ポンプ車は大きなトレーラーにユニットとして配管が折りたたまれていて、小名浜まで自走して持っていきました。高速道路を走らせたのですが、特殊車両なので〝治外法権〟もいいところでした。警察と道路公団に連絡し、料金所も狭くて通れなければその場で壊して……。給油をしながらなんとか小名浜まで運んだのが、リミットぎりぎりの三月二一日だったんです」

M58－5は動力部がメルセデス・ベンツ製で、アーム部分のリモコン操作にもコツが必要だった。小名浜で約三十時間の訓練を急遽した後、協力企業のオペレーターはぶっつけ本番で現地での操作を行なったという。

「空からもダメ、陸からもダメとなり、三度目の正直の苦肉の策でしたが、もう明日にも空焚きになってしまうという状況で『キリン』が見つかったのは本当に幸運でした」

それまで「降りかかってくる火の粉を、どうにか手で払っている状態」だった事故の現場に、ほんの少しの余裕が生まれたのはこの日からだったと岡村は言う。

「汚染水などの問題はまだまだあるけれど、原子炉には冷却水が入っているし、格納容器には窒素が注入されて爆発の懸念もなくなった。汚染水を海に流れ出させないための方策を打てたのが六月で、それ以後は廃炉という方向性に向かって切り替わっていきました」

ちなみに、大手ゼネコンから中小の建設会社まで、こうした地場に根付いた土木・建築業界の行動力は、災害の多い日本で培われてきたものでもある。日立や東芝、三菱重工といった重電メーカーではなく、彼らのアイデアが原発事故の初動対応からこのように活かされていたことは、目立たないが記憶されておくべきだろう。

三社合同のプロジェクト

さて、そうして四号機の使用済燃料プールへの注水が成功した後、再び事態が動き始めたのは約二か月が経った五月二七日のことである。

その日、四号機建屋のすぐ横の場所で、防護服と全面マスクを身に付けた十人ほどの男たちが建屋を見上げていた。

空はどんよりとした厚い雲に覆われ、彼らはゴーグルを濡らす雨粒をときおり手でぬぐっていた。ゴーグルの内側の曇りによる視界の悪さ、慣れないマスクの圧迫感がもたらす頭痛を訴える者もいた。

その中の何名かは手に透明のビニールに入ったデジタルカメラを持ち、周囲の状況を撮影するだけではなく、メモを書いた際もそれを撮影していた。構内に持ち込んだものは全て放射性廃棄物になるため、紙片を持ち帰ることができないからだった。

彼らは四号機建屋の担当となった大手ゼネコン・竹中工務店の社員で、この日に行なわれたのは建屋にカバーを取り付けるための最初の現場視察だった。

「この雨でも大丈夫なんだろうか……」

視察メンバーの一人として原発事故の現場に来た前中敏伸は、湯気を上げる建屋を見上げながら、何とも言えない不気味さを感じていた。彼も含めて、事故の現場の視察に来た社員のほとんどは、防護服を身に付けるのもほぼ初めてだった。その不快さを実感すればするほど、これから自分たちに課せられる仕事がいかに困難なものであるかが頭の中で理解されていく。

竹中工務店の原子力部門の設計者である前中は、すでに二十年以上のキャリアを持つベテランだった。どっしりとした体格に日焼けをした第一印象には風格があり、一見すると現場の施工担当者のような人物である。

一九六八年生まれ、川崎市育ちの当時四十二歳。日本大学工学部で鉄筋コンクリート構造物の解析を専攻した。学生時代から原子力発電所の設計に憧れ、一九九三年に原子力火力本部のある竹中工務店に入社。二年後には東京電力の柏崎刈羽原発の現場に配属され、ちょうど行なわれていた六、七号機の建設にも携わった。三号機横の変圧器から火災が発生した二〇〇七年の中越沖地震では、設計時の想定以上の力を建物が受けたため、その損傷状況の調査や対策を担当した経験も持つ。

三月一二日に一号機が水素爆発を起こしたと聞いて、彼は以前の職場であった柏崎刈羽原発の状況を気にしていた。そんななか、テレビでイチエフでの事故の映像を見た瞬間、自分の肌が粟立つような感覚を覚えたという。

「あの映像を見たときは、全く信じられませんでした。とりわけ原子力発電所が全電源喪失したということ自体があり得ないだろ、って。特にあとで現場で見たあの湯気は、本当に怖かったですね。燃料がそこで生きているということですから。原子力の世界を学んできた身として、あり得ないことだらけでした。本当に異常としか言えない状況でしたよ」

まだ新入社員だった頃、現場を学んだ柏崎刈羽原発の六、七号機では、建設中から非常用ディーゼル発電機を定期的に試験運転していた。まだ若かった彼は建屋内の機器の位置までは把握していなかったが、その度に黒い煙が現場に流れてくるため、その煙たさを疎ましく感じたものだった。

「だから、非常用の電源というのは、建屋の上の方にあるイメージがあったんです。まさか、それが（イチエフでは津波によって浸水する）地下にあったということに驚いて……」

このとき、前中は家族を連れて避難することを真剣に考えたと続ける。後に自分が事故現場へ行き、爆発を起こした建屋での工事を担当するとは全く思っていなかったのである。

当初、前述のような原子力畑のキャリアを歩んできた彼が、それでも事故の推移を客観的に見ていたのには理由があった。

もともと福島第一原発の建設には、鹿島建設が中心になって行なわれた歴史があった。竹中工務店は福島第二原発のタービン建屋を受注したものの、他の原発の施工に比べて存在感が薄かった。そのため、彼も最初は「鹿島さんが中心になって動くんだろう」と思ったのである。

だが、三月末に清水建設を含めた三社のトップが東電の本店に呼ばれ、当時の会長だった勝俣恒久から直接、事故の収束への協力要請を受けたことで状況が大きく変わった。その後、竹中工務店は他社と同様に、原子力部門のエキスパートだった芝間伸剛を中心にプロジェクトチームを組織し、その設計メンバーの責任者として前中にも声がかかったのだった。

「以来、東電さんの二階の大きな会議室が僕らに割り当てられ、彼らとゼネコン三社、日立などの重電メーカーの担当者が一堂に会して議論を始めたんです。その頃はまだゼネコン三社の割り振りもなく、全社が協力して案を出し合っている状態でした。過去にそんな光景は見たことがなかったので、これは本当にオールジャパンで対応しなければならない非常事態なんだ、と覚悟を決めた瞬間でした」

前を向いているしかない

東京電力がゼネコン三社にまず依頼したのは、水素爆発を起こした建屋からの放射性物質の飛散防止策を講じることだった。

例えば、一号機には清水建設がテント幕で作った飛散防止カバーをかけたが、竹中工務店でも急場を凌ぐための方法を提案していた。それは同社の東京ドームでの施工経験を活用したもので、建屋の周りを五、六台の巨大クローラークレーンで囲み、その上に幕をかぶせるという案だった。しかし、検証を進めると布地に含まれるフッ素が放射線に弱く、幕を引っ張ると「糸抜け」が生じてしまうことが分かり、この案はお蔵入りとなっている。

五月二八日に彼が四号機建屋を実際に訪れたのは、その後、一号機は清水建設、三号機は鹿島建設、そして、四号機は竹中工務店とそれぞれにＪＶを組織することになったからだ。

設計担当である彼のチームに課せられた仕事は、水素爆発を起こした四号機建屋を覆う構造物、そして、「キリン」に代わるより安定した注水の仕組みを考えることだった。前者については単に覆うだけではなく、燃料プールから燃料を取り出すためのオペレーティング・フロアを、構造物の内部に再現できる設計でなければならない。

四号機を見上げた際の彼の第一印象は、「これにカバーを付けるといっても、そんなことが本当に可能なのだろうか」というものだった。

オペレーティング・フロアのあった五階部分は、水素爆発によって吹き飛んでいる。剝き出しの燃料プールと周囲には大量の瓦礫が散乱しており、まずはそれを撤去しなければ何も始まらない。

「そんな状況の中で、いったいどんな建物を、どうやってここに建てればいいというのか。設計するだけであればともかく、こんな劣悪な環境でものを建てる方法なんてあるんだろうか、と。〝お客さん〟（東京電力のこと）や現場サイドからも、放射線が遮蔽されている環境で仕事ができるものを考えて欲しいと言われていましたから、これはかなり難しい仕事になるぞ、とちょっと茫然としました」

ただ——と彼は続ける。

「そのときから何故か、『できない』とか『やめる』という選択肢は、全く考えていませんでした。それは他のメンバーもそうだったと思います。もちろん危険なことも分かっていましたが、『これをうちがやらなければ、どうなるか分からないよな』って。だから、選択肢はない、前を向いているしかないんだ、と。それに、今はまだ方法が分からなくても、会社の知恵や周りの人間の考えを結集させれば、おそらくできるんだろう、というような気持ちが湧いてきたんです」

このとき前中の胸中にあったのは、震災以降の社内で続けられてきた議論の様子だった。三月に一号機の防護カバーの案を出し合っている段階から、会議では彼がこれまでに見たことのないほどの白熱した議論が交わされていた。同社では設計部門と施工部門が計画当初から協議を行なう「設計CM方式」という手法をとっているが、施工部門との普段からの密な関係性が、こうした非常時には特に効果を発揮しているようだった。

「いまでこそイチエフでの仕事も他との区別がほとんどなくなってきましたが、当時はまだ全員が同じ方向を向いているという感覚が確かにあったんです。あの感覚は当時の自分たちの前向きな姿勢につながっていたように思います」

五月二八日の現場視察を終えて東京に戻った前中のチームは、そうした災害時特有の一種の高揚感のなかで、自分たちの仕事に取り掛かったのである。

与えられた時間は約六か月——前中たちは燃料取り出し用カバーに求められるいくつかの

条件を書き出し、この仕事に相応しい工法と構造物の形を議論した。

まず最大の問題である現場の放射線量の高さについては、プレキャスト工法（事前に別の場所で作った鉄骨を、現場で積み木のように組み立てる）を用いて対応する。それによって、イチエフの現場で必要な作業量を最低限に抑える。

次にプレキャスト工法を用いて作った巨大な鉄骨は陸路で運べないため、船による運搬を行なう。幸いにも福島第一原発には物揚げ場があるため、小名浜港に部材を集めてから運べそうだった。

そして、最後に設計者の腕が試されるのは、構造物自体はもちろん建設時にも、四号機の建屋自体に一切の荷重をかけないようにすることだ。

「我々の常識としても、爆発して壊れたものに重さをかけていいのかと問われたとき、建築士として何トンまでは大丈夫、とは答えられない。何しろ使用済燃料プールが温泉みたいになっていたわけで、建築中に何かがあって水が抜けるような事態は絶対にあってはならない。そう考えると荷重は一切かけてはなりませんでした」

高さ五十メートルの鉄筋の骨組みの中央部分から、燃料取り出しのフロアを横に三十メートル張り出させた逆L字型の構造物――。

そうした条件から導き出された構造物のアイデアは、彼にとってこれまで一度も設計したことがなく、今後も二度と作ることがないだろうというものだった。

「国に貢献してみる気はないか」

四号機の使用済燃料取り出し用カバーの建設方針を議論するため、竹中工務店の技術者たちがイチエフを訪れてから二週間が過ぎた頃のことだ。その日、二〇一一年六月一五日の天気は晴れで、日中の気温は二十度を超えていた。南風の吹く原発の構内では、防護服と全面マスクを身に付けると、かなりの暑苦しさを感じさせた。

カバリング工事の施工責任者である猿田康二はこの日、設計担当者の前中や日立のエンジニア、放射線管理士や数名の作業員とともに、四号機の建屋の周囲で平板載荷試験を行なおうとしていた。その試験は地盤の強度を調べるもので、使用済燃料プールに水を循環させる注水ラインを造る準備の一環だった。基礎を造る深さまで実際に穴を掘り、直径三十センチほどの円盤にジャッキで荷重をかける。その際の沈下量を測定し、地盤の強度を判定するのである（結果的に注水ラインはこのときのものではなく、既存の配管を活用する別の案が後に採用された）。

だが、この試験の責任者であるはずの猿田は、現場に来てから一時間もしないうちに気分が悪くなり、クーラーの効いた車内で休む羽目になった。全面マスクをきつく締めた状態での作業は初めての体験で、頭が猛烈に痛くなってきたからだった。

体調を崩していたのは猿田だけではなかった。作業員の一人はかなりの汗っかきで、マスクの下側に汗が溜まり始めた。「このままだと溺れそうです」との思わず出た呟きは、必ずしも冗談というわけではなさそうだった。

そんななか、猿田の代わりに試験を淡々と進めていたのが前中だった。彼は何一つ弱音を口にすることなく、普段と同じように作業を続けていた。

「まるでサイボーグみたいな奴だな……」

その様子を車内から見ていた猿田は、一向に治まらない頭痛に耐えながら、そんなことを思っていた。

群馬県前橋市の出身である猿田は、千葉大学工学部の建築科を卒業後、一九八七年に竹中工務店に入社した。

いくつかのゼネコンのうちで竹中工務店を選んだのは、同社の設計・施工した「有楽町マリオン」に惚れこんだからだった、と彼は懐かしそうに語る。「マリオン」とは建物の壁面に使われる縦方向の部材のことで、有楽町マリオンではそれを従来の一般的な形とは逆に、建物の外側へ打ち出してデザインに組み込んでいる。当時、学生だった彼は建築デザイン専門誌「新建築」で特集を読み、たちまちその構造美に魅了されたのだった。

竹中工務店に入社した後、猿田は図書館やマンション、医療施設など様々な建築の施工に携わってきた。四歳年下の前中と初めて会ったのは十年ほど前。二〇〇七年一一月に原子力火力本部に異動した際のことだ。

「原子力は全くの門外漢だったので、『まさか』という人事でした」と彼は言う。

「そのときは病院を作っていたのですが、作業所長から呼ばれて言われたんです。『君さ、国に貢献してみる気はないか?』って」

課せられたのは、中越沖地震で損傷した柏崎刈羽原発の施設の復旧工事だった。そこで彼は同じく建物の損傷調査をしていた前中と、初めて仕事をすることになったのである。猿田は建物の屋根を支える梁トラスを鋼管で補強する作業など、約二年間かけて耐震補強の工事の現場を担った。さらに東通原発の設計と施工計画でも二人はコンビを組み、震災のあった二〇一一年にはその関係性は強固なものになろうとしていた。

「僕らのような施工側と前中のような設計者には、常に多少の緊張関係があります。デザインがよくできていても、現場での施工が難しいこともあるので、『現場に来て実際に見てから考えてくれ』と設計者とはよくやり合うんですよ。でも、前中は机上の解析だけではなく、現場を実際に見ることにこだわりがある人間なので、その点ではお互いに信頼関係がしっかり作られていましたね」

四号機のカバーをどのように作るかについて前中の率いる設計グループと議論を重ねている時から、猿田は「なんとかなるかもしれない」という希望を抱いていたと続ける。

彼が議論をしながら思い出したのは、阪神・淡路大震災の時の経験だった。当時、同社は復旧・復興の対応で大阪から神戸への海上輸送路を活用し、物資を被災地へと送り込んだ。よって、陸上輸送が難しい浜通りの状況においても、「海上輸送をすれば何とかなる」という技術的な裏付けと経験があったからだ。

五月初旬に四号機のプロジェクトチームに参加した際、猿田はブレインストーミング式の会議の様子にも頼もしい思いを抱いた。「このプロジェクトには海上輸送が絶対に必要だ」「じゃあ、船をいますぐ押えよう」と課題が次々に俎上に載せられては解決されていったからである。

「だから、僕はあの日、四号機の前に立ったとき、不安の一方で自分たちの技術力と非常時の動員力を信じていました。この気持ちがある限りはきっと、この工事も成し遂げられるはずだと思えたんです」

同時期に作成された東京電力による「廃炉ロードマップ」では、燃料取り出しの期限が二〇一五年末に定められた。

前中率いる設計グループが逆L字型のカバー案を準備するなかで、施工を担う猿田のグループは四号機建屋の瓦礫の撤去に取り掛かった。燃料の取り出し時期から逆算すると、瓦礫撤去・解体作業に使える時間は約一年、その作業中にも基礎を作り始め、二〇一四年の三月までにカバー工事を竣工させる。それが彼らに課せられた期限だった。

瓦礫運び出しの苦労

フロアにクレーンなどの燃料取り出し用の設備を用意するためには、五階より上の構造物を全て解体して撤去し、真っ新な状態にして養生しなければならない。取り出し用の設備の担当は日立製作所だが、彼らがそれを設置できる環境を整えるのは猿田たちの仕事だ。

瓦礫撤去と解体作業に一年もの時間を見込んだのは、爆発した建屋上部に散乱する大小様々な瓦礫を慎重に取り除く必要があったからである。従来の瓦礫撤去であれば、大型の重機で次々に瓦礫を取り除いていけばよい。だが、イチエフでは一つひとつの瓦礫の汚染状態が分からないため、無造作に重機を使用すると放射性物質を含んだダストを飛散させる恐れがあった。

幸いだったのは、四号機建屋の五階の放射線量が比較的低く、実際に人が立っての作業が可能だったことだ。

そこで、彼らは現場で重機を使用できるようにするために、まずは細かな瓦礫撤去を人の手によって行なった。作業ではまず百六十トンのクレーンを用意し、その先端に作業員の乗れるステージを取り付けて建屋の上部まで運んだ。

四号機建屋の五階に上った作業者たちは、石ころ大の瓦礫にも放射線測定器を当て、線量を確認してから一つひとつをバケツリレーのように運び出した。線量が比較的低いと言っても、当時の現場での作業時間の限界は一日に三時間程度に定められたというから、環境が過酷を極める危険な作業だったことに変わりはない。

ちなみに、その作業に当たったのは、主に東京で募集された作業員たちだった。竹中工務店の主要な協力会社で組織された「竹和会《ちくわかい》」という団体がある。同社は四号機のカバリング工事を行なうに当たって、同会に協力を要請した。

「ようやくほっとできたのは、重機を使って五階から上の解体と大型の瓦礫を撤去し、日立さんの床面の養生に目途がついたときでした」と猿田は振り返る。

「五階のフロアには使用済燃料プールがあります。大きな瓦礫や部材をプール内に落として燃料を傷つけないよう、ずっと極度の緊張感を持って作業を続けていましたから」

前中たちが設計した逆L字型のカバーの建設が始まったのは、このように進められた瓦礫撤去とフロアの養生の目途が立った二〇一三年一月である。

四号機の使用済燃料取り出し用カバーの施工は、鉄骨でできた約七十トンの箱型ブロックを積み木のように組み立てていくアイデアが採用された。鉄骨は茨城県や四国の海沿いの工場で製造され、小名浜港でまずは荷揚げする。放射線量の高いイチエフの現場での失敗は許されない。よって、鉄骨は港で一度組み立てられた後、再び解体したものを船で現場まで届けるという作業が繰り返された。

また、前中たちが工夫したのは、作業員の被曝を少しでも減らすために、鉄骨の内部で作業できるようにすることだった。

カバーに使用された鉄骨は一面が三メートル四方の立方体で、八十八の部品に分かれている。鉄板の厚さは十九〜二十八ミリ。内部が空洞になっており、内側から人によってボルト締めを行なえる。

さらに、鉄骨は組み立てが進むに連れて、内部に螺旋階段が同時に設置されていく仕組みにした。これによって、作業員たちはイチエフの構内の外気に一切触れることなく、カバーの柱内部を自由に行き来できるようになった。

「これは現場の施工サイドから『職人さんの被曝を少しでも減らしたい』という要望を受け、

いろいろと悩んだ結果でした。参考にしたのは巨大な橋を造る際の建設手法です。橋も同じように、ボックス形状の部材をつなげて造る。私は川崎の港湾部の近くで生まれ育ちましたから、ずっとあのガントリークレーン（レールに載った橋形クレーン）の並ぶ風景を子供の頃から見てきました。同じ方法を活用すれば、部材の中に入って作業することも可能だな、というイメージがあったんです」（前中）

もう一つ、前中や猿田が知恵を絞ったのは、これまでも指摘してきた通り、鉄骨で作られたカバーの重みを建屋にかけないようにする方法である。二人の脳裡には事故当初に見た湯気を上げる燃料プールの様子が焼き付いており、施工の過程においてもわずかな荷重が建屋崩壊のリスクを高めるという懸念があった。

二人は次のように解説する。

「難しいのは逆L字型の跳ね出しの部分でした。通常なら建設時には下の構造物自体に荷重をかけて、上の建物を作ればいい。でも、今回はそれができないので、真下に支えのない重量物を斜めの方向から支える『斜張り』という工法を取り入れました。四号機のカバーの建設は、そんなふうに設計も施工も現場でアイデアを出しながら、初めて経験する作業を繰り返すものだったんです」（猿田）

「建設時に少し荷重をかけるくらいは仕方ない、という考え方も確かになかったわけではありません。でも、安全のためにはやはり一切の荷重をかけたくなかったし、また、そこは現場の人間の意地もありました」（前中）

二〇一三年の一月から始まったカバーの建設工事は、半年後の八月まで続いた。その後、使用済燃料取り出しのためのオペレーティング・フロアが作られ、取り出し作業の準備が完全に整ったのは予定より早い二〇一三年一一月。取り出し作業では百トンの重さのクレーンがレールで移動するが、最先端まで動かした際の建物のたわみはわずか六ミリに抑えられたという。

重量物輸送のプロフェッショナル

では、そのように竹中工務店がカバーを建設した四号機では、どのように使用済燃料の取り出しが行なわれたのだろうか。

燃料の取り出し作業は、大きく次のような工程に分かれている。

①「キャスク」と呼ばれる容器を、建屋五階のオペレーティング・フロアに運び入れる。
②キャスクを使用済燃料プールに沈め、クレーンと燃料取扱機を用いて使用済燃料をつかみ、水中で一体ずつキャスクの中に収める。
③キャスクの蓋をプールに沈めて水中で取り付けた後、クレーンでプール内から引き揚げる。
④除染を行なった後、キャスクを一階のトレーラーまで吊り下げて降ろし、共用プールへと運ぶ。

使用されるキャスクは重さ九十一トンの筒形の容器で、「ＮＦＴ－22Ｂ型」という名称を持っている。一つにつき二十二本の燃料を入れることができ、千五百三十五本の燃料が残されていた四号機を空にするために、この一連の作業を七十一回繰り返した。

使用済燃料の取り出し作業では、キャスクの運搬を「宇徳《うとく》」という企業が担当し、燃料の取り出し作業を「東京パワーテクノロジー」（TPT）が行なった。興味深かったのは後者のTPTが東京電力ホールディングスのグループ会社であるのに対して、前者の「宇徳」が非常にユニークな歴史を持つ企業であることだ。

宇徳は重量物の輸送における国内屈指の企業で、原子力発電所での仕事はその「プラント事業」の一部である。前身の「宇都宮徳蔵回漕店」の創業は一八九〇年で、すでに百三十年近い歴史を持っている。

薩摩出身の創業者・宇都宮徳蔵はもともと、横浜を流れる大岡川で舟による荷運び事業をしていたという。そのなかで港での重量物も扱うようになり、大量の牛馬と大八車や吊り台、丸太を並べたコロ引きなどを駆使して、あらゆるものを運ぶようになった。

明治後半には全国の水力発電所でも活躍。重量物輸送業務における地位を確立し、現在では自走式の多軸車「スーパーキャリア」を使い、分割した橋や高速道路の高架橋といった超重量物の運搬も手掛ける。発電所建設の現場では、スーパーキャリアを連結して三千トンを超えるボイラーを据え付ける技術もあるというから、まさに「運搬」のプロフェッショナルなのである。

同社と福島第一原発との縁は深く、一号機の建設の際はプラントの搬入も行なっている。

定期検査や修理の際、他の原発プラントと異なり、設計の古いイチエフの一号機や二号機では、重量物の搬入・搬出が構造的に難しい場合がある。そんななか、宇徳は重電メーカーや東電から相談を受けつつ、建設当時の親方や職人の技術を伝承してきた。

そんな同社のプラント部門で二十年以上のキャリアを持つ宮本義則が、四号機建屋の新たなオペレーティング・フロアに初めて入ったのは、二〇一三年一一月のことだった。

宮本はいわき出身の社員で、一九六九年生まれの当時四十四歳。福島高専の工業化学科を卒業後に宇徳へ入社した。二十代から三十代にかけてイチエフでの勤務を経験し、放射線管理やプラント内の手すりの施工などの請負い業務を担当した人物だった。

また、彼は原発事故によって、自宅を失った一人でもあった。震災前の七年間、主に柏崎刈羽原発で働いていた彼は、生活の拠点をすでに新潟県に移していた。だが、イチエフからの転勤直前に富岡町に家を建てており、いつか故郷に戻った日に備えて、月に一度は自宅に戻っていた。そのため、四号機の使用済燃料取り出しの現場責任者に指名されたとき、彼は原発事故を巡る東電の賠償対応に割り切れない思いを抱えながら、久々にイチエフを訪れたのだった。

Jヴィレッジの近くにある広野町の事務所でインタビューをした際、彼は「最初は面白くない気持ちもありました」と一度は胸の内を吐露したが、すぐに「でも、それはそれですから。仕事自体は自分の役割を淡々とこなすだけだ、という思いでしたね」と語った。心の揺れを押し留めて「仕事」に向かうその表情には、責任感の強さを感じさせるものがあった。

宮本は事故後の福島第一原発の構内を初めて見たとき、かつて働いていた現場の無残な姿に言葉を失ったと話す。

いわき市内から国道六号線を走ってイチエフへ向かうと、静まり返った帰還困難区域の先に、これほど多くの人間が働いている場所があることに誰もが現実感を失う。彼も最初はそのような感覚を抱き、次に目にしたのが潰れた車両や様々な瓦礫の残された構内の様子だった。一号機や三号機の建屋ではオペレーティング・フロアが爆発で吹っ飛び、以前に自らが取り付けた手すりもその「瓦礫」の一部となっていた。

「もっと何か方法はなかったのか、というやり切れない気持ちでした。だから、これから自分の行なう仕事が、福島の復興に対する一歩だとも思えませんでした」

と、彼は率直な気持ちを語った。惨憺たる光景の広がるイチエフの構内で、こんなふうに「普通に仕事をしようとしていること」が、ただただ不思議だった、と。

前述の通り、使用済燃料の取り出し作業において、宮本の率いるチームが担うのはキャスクの運搬である。

キャスクを運び込む共用プールは、四号機建屋のほぼ向かい側にある水色のシャッターの建物内にある。

空のキャスクをトレーラーに載せ、百メートルほど離れた四号機一階の搬入口へ運ぶ。四号機建屋の一階部分はがらんどうの倉庫のようになっており、天井部分に五階のオペレーティング・フロアに通じる丸いトンネルがある。キャスクはクレーンによって吊り上げられ、その空洞を通って燃料プールの「キャスクピット」まで運ばれた後、除染ピットでボルトを緩めてから東京パワーテクノロジーへと引き渡される。

建屋の一階から簡素な工事用エレベーターに乗り、五階に初めて足を踏み入れたときのことだ。鉄筋コンクリートが剝き出しのフロアに、宮本は何とも言えない寒々しさを感じた。従来のオペレーティング・フロアであれば、しっかりと塗装の施された壁面が照明の光を反射し、驚くほど透明な水が燃料プールに青く湛えられている。だが、急ごしらえのフロアはどこかプレハブのようで、プール内にも爆発時に落ちた多くの瓦礫が溜まっており、取り出し中は砂礫で水中が濁るということだった。

それでも、宮本は「作業自体には当時から何の不安も抱かなかった」と振り返る。確かにフロア自体は簡素で、空調もほとんど効かない状態だったが、その中で燃料取り出しのための設備だけは元通りに再現されていたからだ。

「作業は全面マスクを装着する必要があったので、トレーラーの運転手との連絡や意思の疎通に最初は苦労しました。でも、それ以外はいつもと同じように、自分たちの仕事をやればいい。だから、特に気負いはありませんでした」

宇徳側は十六名が二つの班に分かれて運搬作業を行なった。彼らによってキャスクはフロアに吊り上げられ、プール内のキャスクピットまで移動されてからＴＰＴに引き渡される。

責任者の宮本と運転手、クレーンのオペレーターが密に連絡を取り合う運搬作業に対して、燃料の取り出し中のフロアには一転して張り詰めた空気が流れ始める。

ＴＰＴによって水面下で行なわれる作業では、線量をチェックしながら、燃料取扱機をミリ単位で動かす緻密さが求められる。そうしてプール内のラックにある燃料を引き抜き、キャスクの中に一本ずつゆっくりと収めていく。作業は静かに進行し、機器の動く音、空調とプールの内部で水が循環している音だけが響く。

「いよいよ取り出し作業が始まったのだと実感したのは、ＴＰＴさんから最初のキャスクを返され、フロアからトレーラーに降ろしたときでした」

と、宮本は話す。

現場から作業員をハンドマイクで退避させ、キャスクを五階から一階に向けて降ろすよう合図者に指示した。すると、クレーンを巻き降ろす音が聞こえ始め、キャスクが吊り下げられた状態で開口部をゆっくりと降りていった。

井戸を覗き込むようにしてトンネル内を見下ろしながら、彼は天井クレーンのオペレーターとトレーラー側の合図者に声をかけ続けた。

「何より厄介だったのは、全面マスクをしているため、お互いの声がかなり聞き取り難いことでした。だから、運転手も運転席から顔を出した状態です。その中で、縦に降ろされたキャスクを、車両とクレーンの運転手が息を合わせて寝かせていくんです。『慌てずにゆっくりやればいい』と自分に言い聞かせていましたね。それで最初の一体が積み込まれたとき、『これで始まったな』とようやく思うことができたんです」

「71基無事故輸送完了」

四号機の使用済燃料の取り出しは、二〇一三年の一一月一八日から本格的に始まった。一基のキャスクの運搬から燃料の取り出し、共用プールへの搬入という一連の作業は初めは約十日間、最終的には一週間に一基のペースで行なわれた。

当初、関係者が懸念していたのは、ラック内に入り込んだ小さな瓦礫が燃料に引っかかり、想定以上の荷重がかかることだった。そこで彼らは瓦礫を取り除くために、鉤状の器具や吸引機器を独自に作り、水中カメラで内部を確認しながら慎重に作業を進めた。

「現場に安心した雰囲気が出てきたのは、瓦礫付きの燃料を何本か取り出してからでした」

そう語るのは、このプロジェクト全体のリーダーを務めた東京電力の加賀見雄一である。

「瓦礫の摩擦と重みで本来は二百五十キロで上がる燃料が、ときには荷重計の数値が三百キロを超えても上がらないこともあったんです。そのときは緊張が走りましたが、燃料を引き抜けないことはないと確信してからは、この仕事の山場を超えた感覚がありました」

結果的に燃料の引き抜きができないという事態はなく、二〇一四年の一二月二二日に最後の作業が完了した。

そんななか、宇徳の宮本が今ではすでに懐かしそうに思いだすのは、最後のキャスクを四号機に運んだ日のことだ。

その日、共用プールの水色の搬入口の前で、宮本はあらかじめ事務所長の指示で用意していた横断幕を広げ、トレーラーに積みこんだキャスクに巻き付けた。横断幕には作業期間の日付と「71基無事故輸送完了」の文字が記されていた。

トレーラーの前には、キャスクの搬送作業に携わった十六名の作業員、それに建屋内での様々な除染作業を担当する企業「アトックス」の社員を合わせた約三十人の男たちが集まった。宮本は一年以上の作業をともに行なった仲間たちをカメラに収めた。

「まァ、あとで撮った写真を見ても、全員が全面マスク姿で誰が誰だか分からないんですけどね」と彼は笑う。

「でも、いま振り返れば、七十一回繰り返したあの仕事の中で、その記念撮影が唯一の和やかなイベントだった気がします」

そうして終わった四号機の使用済燃料取り出しプロジェクトは、関係した人々の胸の裡に様々な感情を呼び起こしたと言える。

例えば、逆L字型カバーの設計を担当した竹中工務店の前中は、仕事を終えた後も東京電力のホームページを毎日チェックし、プールに残された燃料の数が減っていくのを確認し続けていた。その彼は「あの建物にもう何の仕事もないということに、何か一抹の寂しさを感じることがあるんです」と現在の心境を吐露した。

「我々の考えたあの建物はたとえ短い間だとしても、廃炉のために使われ、燃料が一本減るごとに安全性が高まっていったわけです。そう思うことは、もちろん一人の設計者としてのやりがいにつながりました。事故は悲しい出来事ですが、その復興に自分がちょっとでも役に立てたのだとしたら、それはやはりキャリアの中での一つの誇りなのだ、と」しかし、彼はそう強調した一方で、「でも――」とどこか割り切れなさそうに続けるのだった。これまで自分が設計してきた建物のなかで――あれほどの熱意を注いだにもかかわらず――四号機のカバーは使用された期間が最も短いものとなった。いわば彼の感じた寂しさとは、後世に残される建築物を作ることが本来の仕事であるはずの設計者としての、本能とも言える感情であるに違いなかった。

「僕の生きているうちに廃炉作業が終わるのかどうかも分かりませんが、いつかあの場所がグリーンフィールドのようになったとき、あの建物はどうなるのだろうという思いがあるんです」

また、実際に使用済燃料取り出しの現場で働いた宮本もまた、記念撮影の思い出を印象的に話す様子とは裏腹に、「達成感みたいな特別な感情はわかなかった」と言う。

当時も今も、彼は四号機の使用済燃料の取り出しが、自らの故郷でもある福島の復興の第一歩とはどうしても思えないでいる。

「確かに、とりあえず燃料は出して、四号機についてはもう何の心配もいらなくなりました。だけど、他の建屋の中にはまだ瓦礫もいっぱいあるし、それどころじゃないくらい大変な作業がこれからずっと続いていくんだよな、って。その作業にも私たちはかかわっていくのでしょう。だから、仕事を終えたときに思ったのは、『これからどうなるんだろう』という気持ちばかりだったんです」

――そのようにプロジェクトが完了してから、すでに三年半の時間が過ぎた二〇一八年五月、私は彼らの仕事の舞台となった四号機建屋の中を取材する機会を得た。

建屋の近くのプレハブで装備を身に付け、搬入口の工事用エレベーターに乗って五階に上がると、何枚かの説明パネルが展示された小部屋がある。その先の扉を開けると、そこがオペレーティング・フロアだった。

太い鉄骨が剝き出しになったフロアは薄暗く、室内にはどこかくすんだ空気が停滞していた。緑色に塗装された頭上のクレーン設備、爆発時の面影が残る足元の埃っぽいコンクリート、ボックス形の操作室や鉛の鉄板……。全体的に灰色がかったフロアでは、役目を終えた設備がただただ沈黙していた。

柵で囲まれた中央西側の一角に、原子炉ウェル（原子炉の上部の空間）と使用済燃料プールが並んでいる。

使用済燃料プールだけではなく、原子炉ウェルにも水が入れられたままだ。双方の微動だにしない水面は、歳月にさらされて緑色に濁っていた。

この場所を訪れて周囲を見渡しながら、前中が設計者として一抹の寂しさを感じ、七十一回目のキャスク運搬を終えた宮本が、それでも達成感を抱かなかったと話した気持ちが、私にも何となく理解できるような気がした。

四号機の使用済燃料の取り出しには、これまで見てきた通り、日本の土木・建築技術の粋と莫大な資金、決して少ないとは言えない被曝、そして、技術者や作業者たちの様々な熱意と思いが投じられてきた。

だが、その結果として残されたこの場所は、今では何も生み出すことなく、産業遺産のように時を止めているだけだ。「廃炉という仕事」は現場で働く人々のその「熱意や思い」というものをも、そのように湯水のように費やして飲み込んでいく側面を持っている。

ならば、これは果たして「四号機」のリスクを取り除いた技術の勝利の風景なのか、それとも原発事故という科学技術の敗北の風景なのか――。

そのとき、私は目の前に広がる殺伐とした光景に、「廃炉という仕事」が宿命的に抱えるある種の虚しさを感じずにはいられなかった。

第三章

イチエフのバックヤードで働く人々

イチエフを見守ってきた桜並木

春の季節――。

夜明けを待つ福島第一原子力発電所の暗い構内は、張り詰めた冷たい空気に覆われている。しんと静まり返った入口のゲートから空を見上げれば、ときには驚くほど多くの星が空に散らばっている日もあるという。

その構内の「さくら通り」と呼ばれる道には、約一キロメートルにわたる桜並木がある。この原発が運転を開始した一九七一年当時から、東京電力のOBたちが植えてきたソメイヨシノなどだ。だが、以前は全部で千二百本あった桜の木も、事故後は除染作業でその三分の二が伐採され、現在、残されているのは約四百本に過ぎない。

ただ、それでもイチエフの歴史を見つめ続けた桜並木が、一斉に花を咲かせる四月上旬は、殺伐とした廃炉の現場に春の訪れを告げる特別な季節だ。満開時にはさくら通りが報道陣に公開され、〈福島第1原発の桜並木公開　廃炉作業員「癒やされる」〉（二〇一八年四月四日日本経済新聞）、〈福島原発：構内の桜並木に春の訪れ　400本が満開〉（同　毎日新聞）などと報じられるのである。

この章では新型コロナウイルスが流行する前のそんな春のある日を舞台に、廃炉作業の最前線を支えるバックヤードで働く人々の日々を描いていきたい。

二〇一八年四月某日、四時——

桜並木が徐々に花を咲かせつつあるその日も、「報徳バス」の運転手である海辺康博は、いつものように薄暗い駐車場を足早に歩いて新事務本館に向かう。

海辺はいわき生まれの四十三歳。同社のバスの運転手になってからすでに七年が経っている。暗い構内を良い姿勢できびきびと歩く彼は、周囲から「休むことを知らない男」と呼ばれる。自身の仕事に対して常に一本気に取り組む姿勢が、ここではそのように評価されているのだった。

彼が勤務する「報徳バス」は東京電力から業務委託を受け、社員や作業員用のバスを運行する三社のうちの一社だ。一日にピーク時で七千人が働く時期もあったイチエフの現場にとって、作業員の輸送を担う彼らの仕事は欠かせないものだ。

地元いわき市の報徳バス、楢葉町に本社のあるウィンズトラベル、同じく楢葉町の貸切バス会社・浜通り交通の三社は、いわき市から竜田や大熊の社員寮を経由してイチエフに向かう「郊外便」、原発構内で新事務本館や大型休憩所、免震重要棟を巡回する「構内便」をそれぞれ分担して運行している。日常的に繰り返される視察で、地域住民や学識者、報道陣を乗せてバスを走らせるのも彼らの仕事である。

「廃炉」の現場の朝は早い。

構内便の始発は四時半には出るため、早朝のシフトに入っている日の海辺は、深夜一時過ぎには目覚めていわき市の会社に出社し、点呼とアルコールのチェックを済ませてから深夜の国道六号線を車でひた走る。

「今日も一日の仕事が始まるなァ、と気が引き締まるのは、楢葉町を過ぎた辺りですね」

と、彼は言う。

その頃になると、これまで信号が点滅するばかりで誰もいなかった国道に、少しずつ乗用車やマイクロバスの姿が目立つようになる。それはおそらく、自分と同じイチエフへ向かう早朝組の警備員や作業員たちだ。

新事務本館で制服に着替えた彼は、同じ建物に面した駐車場へ再び向かう。

構内便は東京電力から借り受けている大型の路線バスを使用するため、そのカバーを開けてエンジンルームの点検を行なうのが最初の仕事だ。周囲は真っ暗でほとんど何も見えない。以前は懐中電灯を使っていたが、最近は携帯電話のライトを付けてエンジンオイルの量などを確認することが多くなった。

四時半——最初の構内便を入退域管理施設の横に着けると、十人ほどの警備員やスクリーニングの担当者がバスに乗って来る。

爆発した原子炉建屋の先に広がる東の空が徐々に白み始めるのは、乗客が五、六十人ほどに増えるピークの時間帯（五時半頃）に向け、暗い構内を走っている頃のことだ。それが原発構内で日々繰り返されている朝の風景であり、バスを走らせる海辺の「日常」なのだった。

　普段、そんなふうに決まったスケジュールの中でバスを走らせていると、二〇一一年のあの日以来、まさにその「日常」が失われていたこの場所の過酷さが嘘のようだ――と海辺は思う。

　彼が報徳バスで働き始めたのは、震災があった年の六月だった。

それまではいわき市の南側の勿来《なこそ》で、自動車学校の教官として働いていた。地震があった日も教習が行なわれており、冬休みを利用して免許合宿に集まった都会の学生たちが、路上で仮免許での教習を受けているところだった。

「あの日はたまたま私だけが高台の所内で教習中だったんです。爆発音が聞こえて振り返ったら、海の方の工場から大きな煙が上がっていましてね。生まれて初めて見るものでしたから、それはもう驚きましたよ。それに生徒たちの多くが津波の被害のあった場所を走っていて、教官と一緒に命からがら逃げてきたという状況でしたから」

　原発での最初の水素爆発から二日後、彼は合宿に参加していた生徒たちを地元へ送り返すため、電車の動いていた千葉県の松戸駅まで九時間かけてマイクロバスを運転した。その後、自らも家族や知人と群馬県の館林のホテルに避難した彼が、再びいわき市に戻ったのは三月下旬のことだった。

「なぜ今の自分がこの仕事をしているのかを考えるとき、館林への避難は大きなターニングポイントでした」と海辺は振り返る。

「あの当時は休業しているガソリンスタンドにも車が並んでいる状態でした。でも、館林ではコンビニやスーパーはやっていて、牛乳や卵といった生鮮食品を売っていた。書店や百円ショップ、衣料品店も開いているし、数日後に大型のホームセンターも再開されましてね。品ぞろえの少なさと燃料を除けば、普通の震災前の『日常』がそこにはあったんです」

館林は確かにいわき市から遠く離れた町だ。だが、「群馬県と福島県は隣同士なのに、どうしてこれほど違うのだろう」と彼は思った。

「ひょっとするといわきに残っていたら、自分にも何かができたんじゃないか。そう思うと心が苦しくなりました。みんなで避難したから、私だけが帰る手段はない。でも、帰って何かをすべきなのではないか、とずっと悩んでいたんです」

それから二週間ほどが経った三月末、海辺は意を決していわき市に帰還する。勤務する自動車教習所から営業再開の連絡があり、それを機に仲間と話し合って出した結論だった。

館林インターチェンジから東北道に乗り、浜通りへ向かう道の光景を彼は今も忘れられない。自衛隊車両やパトカー、「がんばろう東北」の横断幕をかけたトラックが途中までは走っていたが、郡山から磐越自動車道に入ると、そうした車両の姿が全く見られなくなったからだ。

「対向車線をすれ違った車の台数はパトカー三台——それを私は数えていました。要するに浜通りの方までは、誰も行こうとしていなかったんですね。私たちの住むいわき方面には、前後に一台も車が走っていなくて……。あのときのいわきは陸の孤島でした。隔離されているという印象を受けてショックでしたね」

報徳バスが運転手を募集していることを、知人からのメールで知ったのは六月。同社が募集していたのは避難住民の一時帰宅のための運転手で、メールを見たときに「これだ」と彼は思ったと話す。

「避難して以来、故郷のために自分に何かできることはないのか、とずっと考えていました。大型免許も持っていたので、バスの運転手なら私にもできる。十一年続けた自動車学校の教官の仕事は大好きでしたから、辞める際にはもちろん悩みました。でも、いま決断しないと後悔すると思ったんです」

辞職した翌日から、海辺はすぐにバスの運転をした。津波で被災した帰還困難区域へ行き、白い放射線防護服を着た住民たちを降ろす。運転席でひとり座って待っていると、倒れたブロック塀や倒壊した家屋の横を、豚や牛、ダチョウが気ままに歩き回っていた。

それから三か月後の九月、彼は正式に同社の社員となった。そして、しばらくして作業員たちをイチエフの現場へと運ぶようになった。

事故が発生した当初、現場で初動対応に奔走する社員の移動手段の確保は、後方支援の体制作りをする上で東電が最も苦心した課題の一つだった。

地震と津波で主要な道路は使えず、放射線量も高まっている。当初の彼らは各々に社用車や自家用車を使い、現場と拠点となっていたJヴィレッジや福島第二原発を行き来していたが、それでは周囲の道路に渋滞ができてしまう。そのうちに東電以外の協力会社も復旧に携わるようになると、七千人規模に膨れ上がった作業者を現場へ送り届ける体制作りが喫緊の課題となっていく。そんななか、東電への協力を真っ先に申し出たのが報徳バスだった。

作業員の輸送が始まった二〇一二年二月以降、海辺は防護服に全面マスクを身に付け、Jヴィレッジとイチエフをひっきりなしに往復する日々を送った。

「あの頃の作業員の方々はとにかく疲れ切っていました。バスの中は今とは全く違って、かなり殺気立った雰囲気がありましたね」

現在、作業員の乗るバスは観光用のものが用いられ、全員がエアコンの効いた車内に座ることができる。だが、事故当初に使われていたのは乗り合いバスで、そこに防護服と全面マスクを身に付けた作業員たちがひしめき合っている状態だった。それは「これで外に人がへばりついていたら、まさに東南アジアスタイルだな」と運転手仲間たちが冗談を飛ばすほどのものだった。

多くの作業員は吊革に摑まったままうな垂れ、なかにはそのまま眠っている者もいた。機嫌の悪い作業員も多く、「肩が当たった」といった些細なきっかけで喧嘩が始まることも日常茶飯事だったという。

海辺自身、あれほど過酷な環境で運転手を務めた経験は、後にも先にもそのときだけだ。Jヴィレッジからイチエフの入口まではゆっくり走って一時間弱。イチエフでもJヴィレッジに戻る作業員が列を作って待っており、ほとんど休憩がとれなかった。

なにより全面マスクに防護服を着た状態での運転は視界が狭く、とりわけ夜は真っ暗な道に黒い放れ牛の群れが闊歩していることもあり、気の休まる暇が全くなかった。

「夏はエアコンを全開にしても、フロントガラスからの日差しで暑くてたまらない。汗をかくとマスクが曇るという悪循環で、いったいどうなることかと思いました。そうした状況が一年近く続いたんです」

その後、イチエフの現場では「入退域管理施設」が整備され、バス自体も観光用のものに切り替わっていく。全面マスクや防護服を身に付ける必要がなくなり、一人につき一席が用意され——と段階的に快適さが増すに連れて、作業員の顔つきも和らいでいった。

海辺は福島第一原発で「廃炉」を担う一員として働いていることを、いまも家族に伝えていないという。

「もちろん家内も子供も分かっていると思いますが、心配をかけたくないという気持ちで黙っていたら、いつのまにか言う機会を失ってしまって……」

現在の構内ではEVの自動運転車の導入などの新しい試みも始まっており、当時の殺伐とした移動の光景は過去のものとなっている。

だが、「廃炉という仕事」が今後、さらに十年や二十年という長きにわたって続いていくことを思えば、当初の混乱状況のなかでの海辺のような人々の影ながらの奮闘は、目立たないがゆえにいま記憶されておくべきことだろう。

六時―――

福島第一原発の構内で働く人々の一日は、正門の西側に建てられた「入退域管理施設」から始まる。彼らはここで本人確認を行ない、現場のゾーニングに応じた装備を着用した上で、これまでの被曝量が記録されたＡＰＤ（警報付ポケット線量計）を受け取る。そして、汚染検査のゲートを一人ずつ通ってから免震重要棟や作業現場に向かう。

そのなかで彼らが身に付けるマスクを製造する重松製作所は、イチエフ内で存在感のある企業の一つだ。

同社の創業は百年前の一九一七年。創業者の重松侹造は日本で初めて産業用マスクを作った人物で、三代目社長の重松開三郎の著書『マスク屋60年』を読むと、当初の様々なエピソードが紹介されている。例えば、工場の労働環境が劣悪だった時代、侹造は「こんな物をつけていては仕事にならない」「ガスの臭いが気になるうちは素人だ」と言って憚らない職人たちを説得し、マスクの着用の意味を説いて歩いた。とりわけメッキ工場の職人は六価クロムの影響で歯が弱り、沢庵を噛めなくなって一人前と言われていたという。

余談だが、日中戦争の時期には空襲時の毒ガス攻撃の恐れが喧伝され、多くの人々が「国民マスク」という名の商品を購入した。その一人が斎藤茂太で、北杜夫の『楡家の人びと』にも「神田のマスク屋」で防毒マスクを買って有事に備えるシーンが出てくる。また、ビキニ環礁で米国の水爆実験の被害に遭った第五福竜丸事件の際、水産庁が派遣した調査船「俊《しゅん》鶻《こつ》丸」で使われたのも彼らの製品だ。二〇二〇年のコロナ禍における世界的なマスク不足も含め、いわば重松製作所は戦前の労働災害、戦争、高度経済成長、そして疫病――という日本の近現代史の様々な現場の最前線に、マスク生産を通して立ち会ってきた企業だと言える。

二〇一一年三月一一日以降、同社は廃炉作業に欠かせないそのマスクを、福島県田村市にある工場をフル回転して作り続けてきた。

工場の所長を務める二見《ふたみ》淳郎《あつお》は、原発事故の報道をテレビで見てすぐに、「これは大変なことになるぞ」と思ったと振り返る。

だが、工場も地震によって倉庫や生産設備の一部が壊れていた。その復旧のために奔走した彼らが、工場を再稼働したのは震災のわずか三日後の三月一四日。以降、沿岸部からの避難者も含めて臨時職員を雇い入れ、三交代制でフィルターとマスクの生産を続けたという。

震災直後の月の生産量はフィルターが普段の二・五倍ほどの六十五万個、全面マスクは十倍以上の約三万七千個に上る。Jヴィレッジでは深刻な全面マスク不足が続いており、バケツに山盛りになった使用済みマスクを濡れティッシュで拭い、再使用しているという状況だった。そんななか、「火の粉を振り払うようだった」と東電関係者が口癖のように表現する事故収束の現場を、重松製作所の作業者たちが昼夜を徹した生産で支えたのである。その頃、街中が暗闇に包まれていた田村市において、深夜に明かりが灯っていたのは市役所と重松製作所の建物だけだった、と今では伝説めいた調子で言われる所以だ。

同社の売上はこの年に限ってほぼ倍に膨れ上がったが、「当時は商売のことはほとんど考えられなかった」と二見は語った。

「本部からは事故直後に連絡がきて、『いくつでもいい。とにかくたくさん作れ』と。最初の臨時の朝礼では、『我々がマスクを作らなければ、福島県だけではなく、日本がだめになってしまう』と話したことをよく覚えています。これは日本のための仕事なんだ、というメッセージをどうしても皆に伝えなければならない、と思ったんです」

それから七年が経ってマスクの生産量が一度は落ち着いた後も、同社は廃炉の現場にとって欠かせない企業であり続けている。

例えば、二〇一六年六月には東電がまとめた作業員たちの意見を反映し、三十項目以上を改良した新しい全面マスクを開発している。

現在使用されている新型の全面マスクは同社の自信作だ。以前までの製品と最も異なるのは視野の広さ。事故から三年ほどが経った頃から、現場では建屋内での作業が増えてきた。そこで周囲が広く見える必要があるとの要望を受け、広げられるだけ広げたという。

全面マスクを実際に装着してよく分かるのは、五感の全てが想像以上に制限されることだ。とりわけ視野の狭さに加えて、ガラスの内側が自分の吐く息で白く曇り始めると、作業時の不快感はかなり大きなものとなる。

また、周囲の声の聞こえにくさも大きな課題だ。作業中の意思疎通の不具合が死亡事故につながったケースもあり、廃炉の現場にとってマスクの改良は強く望まれてきたものだった。

そこで改良マスクではガラスを限界まで広げ、外側に傷を防止するハードコーティングを施し、内側には曇り止めのコーティングをしている。音の聞こえやすさについても、いままではただの板状だった口元の素材の材質を変更し、形状を熱で整形した試作品をいくつも作って評価を続けたそうだ。

この新型マスクは六千個ほどがすでに納入され、廃炉の現場における必須アイテムとなっている。

九時――

入退域管理施設内の奥の階段を上ってしばらく歩くと、隣接する大型休憩所の二階に「ローソン東電福島大型休憩所店」がある。いわき市の企業「鳥藤本店」が経営するフランチャイズ店だ。

作業員に人気の「大きなツインシュー」が棚に山盛りになっている光景はこの店の名物だが、他にも缶コーヒーやカップラーメンの種類の多さは全国でも群を抜いているだろう。

この時間の店のスタッフたちには、ローソン富岡小浜店からトラックで運ばれてくる商品を受け取る仕事が待っている。開店時間は六時から一九時まで。商品の陳列作業は朝と夕方の二度。店長を務める黒澤政夫が言った。

「最近、ちょっと変化が感じられるのは、『大きなツインシュー』などのスイーツ系の商品が、以前ほどには飛ぶように売れなくなってきたことです。〝昔〟はとにかく甘いものを食べられるだけで嬉しい、という感じだったのですが、最近は控え目。かわりに『ちょっと太ってきちゃってさ』なんて言いながら、生野菜や豆乳を購入する方が増えてきたんです。現場が当時ほど過酷ではなくなったり、各企業が健康診断を奨励したりしていることもあって、作業員の人たちに健康を気にする余裕が出てきたような気がしますね」

この年で四十三歳になる黒澤は調理師免許を持つ「鳥藤本店」の社員で、震災前は福島第一原発の社員食堂で働いていた。同社は第一原発だけではなく、第二原発でも食堂を運営しており、当初の炊き出しを振り出しに自動販売機の飲料の補充業務など、原発関連施設をめぐる「飲食」に事故後も携わり続けてきた。そんななか、大型休憩所にコンビニエンスストアを出店する際、店長として指名されたのが黒澤だった。

店のオープンから時間が経ち、青と白のストライプ模様の制服を着て働く彼は、今ではすっかり事務棟での有名人の一人だ。棟内を歩くと、防護服姿の作業員たちから次々に声をかけられ、その度に「お、ご無沙汰していますね」「元気にしてました？」と笑顔でちょっとした会話を交わす。

「異動していなくなっていた人が戻って来て、『久しぶりだね』と言われたり。お客様が顔見知りばかりになってくると、お会計の流れもスムーズになっていきますね」

だが、報徳バスの運転手の海辺が語っていたのと同様、ここでも二〇一六年の開店時は「とても良い雰囲気とは言えなかった」と彼は言う。

ローソンのフランチャイズ研修を受けたとはいえ、全く初めてのコンビニ経営である。

「最初はめちゃくちゃでした。お客様に『申し訳ございません』と言いっぱなしで――」と彼は快活に笑った。

構内に食堂や店がなかった頃、いわき市内や六号線沿いの路面店で弁当を買うしかない作業員たちにとって、コンビニエンスストアの開店は待ち望まれた職場環境の大きな変化だった。オープン当初は開店時間前から防護服姿の客がずらりと並び、慣れないレジ打ちを懸命にこなす黒澤やスタッフたちは、「立っているのもやっと」というくらいに疲労困憊した。

「それに当時の原発の構内は、今よりもずっと雰囲気が悪かったんです。すごくぴりぴりしていて、ぶすっと不機嫌で疲れているお客様も多かった。休憩所でもみんな疲れ切っていて、最初はとても暗い感じだなと思いましたね。何度も怒られ、文句を言われつつ、なんとか前を向いて走ってきたんです」

そうした「廃炉の現場」で働く一人として黒澤が必要としたのは、自らの仕事に徹底して前向きに取り組む姿勢だった。

「強面でちょっと怖そうなお客様が来たら、よし、この人をちょっとだけ笑わせよう、っていつも思っていました」

と、彼は振り返る。

例えば、ぶっきらぼうに煙草の銘柄の番号を言われた際、あえて二箱を渡してみる。「二個じゃないよ、一つでいいんだ」というちょっとした会話から、コミュニケーションのきっかけを作っては相手の顔を覚えた。

「ここに来るお客様は、いわば全員が常連客です。だから、顔を覚えていれば、次からは煙草の銘柄も言われる前に出せる。どうにかしてここを楽しく、一生懸命仕事に取り組める場所にしたい、とずっと考えてきました」

店で働いていると、様々な客が来店する。ふて腐れた態度の客もいれば、理不尽な怒りをぶつけられることもある。だが、そこで気持ちを落ち込ませてしまったら、ただでさえ暗い雰囲気のこの場所がもっと暗くなってしまう――。

「だから、それならいっそ『喜ばせようぜ』『楽しくやろうぜ』って五人のスタッフにはいつも言ってきました。そうやって場数を踏んでいるうちに、だんだんと仕事にも慣れてきた。何より私自身が率先して明るく振る舞っていると、全体のテンションが上がってお客様への対応もよくなっていくんですよね」

大型休憩所に食堂が整備されたいまは、構内の雰囲気も以前とは比べものにならないほど穏やかになった、と彼は感じている。「またね」「この新しいコーヒーいいね」といったちょっとしたやり取りも多くなり、働いていて嬉しいと思える瞬間も増えた。

「やっぱり食べ物の恨みは怖いものですから」

と、彼は再び笑う。

店では食堂との競合を避けるため、弁当は基本的に置いていない。だが、最近はミニサイズの冷やし中華や寿司といった軽食を増やしている。店内調理やカウンターコーヒーも導入し、品ぞろえを路面店に近づけるのが当面の彼の目標だ。

「顔なじみの人たちが増えていくに連れて、自分たちも廃炉の現場で働く仲間の一員なんだという気持ちが生まれてきました。私には福島を復興させることはできないけれど、ここに少しでも居心地の良い場所を作る努力はできる。まだ店に伸びしろがあると思うと、仕事にやりがいを感じるんです」

一二時〇〇分――

福島第一原発の一日の中で大型休憩所が最も賑わうのは、誰もが想像する通り昼食の時間帯だ。

とりわけこの現場で長く働いている作業員や東電の社員にとって、休憩所内に食堂が完成した日の喜びは忘れ難いものだと言えるだろう。

Jヴィレッジに戻るまで食事はおろか、水分さえまともに補給できなかった事故の初動時。通勤時にいわきの市街地や国道沿いのコンビニで弁当やおにぎりを買い、それを冷えたまま食べることの多かった日々――。例えば、私が知り合った廃炉現場で働く人の中には、「現場が大きく変化した瞬間を一つ挙げるとすれば、大型休憩所でまともな食事がとれるようになったとき」と、四号機の使用済燃料取り出しなどよりも大きなインパクトがあったと語る者もいた。

二〇一八年二月まで東電廃炉推進カンパニーのトップだった増田尚宏は、「イチエフを普通の現場にする」を合言葉にしていた。その意味で食堂の設置は、労働環境が「普通」になってきた、とようやく多くの作業者が感じた象徴的な出来事だったのである。

現在、イチエフには大型休憩所の他、東電社員の働く新事務本館など三か所に食堂がある。それらを運営している「福島復興給食センター」は、トヨタ自動車の社員食堂も運営する名古屋のケータリング大手・日本ゼネラルフードと、地元企業の鳥藤本店の合弁という形をとっている。

原発構内の食堂で提供される食事は帰還困難区域である大熊町の調理施設で作られ、およそ二千食分の料理が一日四回に分けてトラックで運ばれる。メニューは「5定食」と呼ばれる形式で、昼は「A定食」（肉）、B定食（魚）、麺定食、丼定食、カレーの五種類。値段は全て三百八十円だ。とりわけカレーの種類の多さには定評があり、様々なトッピングや「グリーンカレー」などのバラエティを駆使して、約三十種類のメニューが日替わりで用意されているというから驚く。

「あのココイチにだって負けていませんよ」

栄養士として給食センターに勤務し、食堂のメニュー作りを担当してきた竹口暁子はそう言って笑った。

「この食堂を作るとき、『一か月、カレーのメニューを被らせないようにしてほしい』と社長から指示されたんです。考えるのが本当に大変だったんですから」

また、廃炉の現場の過酷な〝歴史〟を窺えたのは、給食センターの社長を務める渋谷昌俊の「この新しい食堂には作業員からのクレームがほとんどないんです」という言葉だった。

「基本的に社食というのは、肉が固い、冷たいといったものから、異物が入っていたというものまで、利用者からの意見が多く寄せられるものなんです。でも、イチエフの食堂ではその種の声がほとんど上がらないんですよ」

ローソンの店長・黒澤が「食べ物の恨みは怖いですから」と話したのは冗談ではなく、食堂ができて彼らは初めて温かい白米や汁物、生野菜や果物を食べられるようになった。「それだけでも有り難い」という現場の雰囲気が、クレームの少なさに反映されているのだろう。

だが、そのような苦情の少なさの背景には、イチエフの社員食堂にかける同社の熱意の大きさもある。何しろこの食堂は、なかなかの充実ぶりなのである。

竹口によれば人気メニューは揚げものや肉系で、トンカツや唐揚げなど「お子様ランチに入っているようなメニューが大人気」とのこと。そこで二月のバレンタインデーには、「大人のお子様LUNCH」という特別メニューを出した。ハンバーグ、から揚げ、エビフライ、チキンライス、スパゲティの合わせ技、小さなチョコレート付きでカロリーは千二百弱。

食堂では月毎にこうした「フェア」と呼ばれる期間を設定し、特別なメニューを用意している。栗やサンマなど秋の味覚を打ち出した「秋まつり」、ナシゴレンやタイカレーを組み入れたアジアンフェア、「なごやうまいもんフェア」ではA定食に味噌串カツ、麺定食にあんかけスパゲティ、丼定食としてどて飯を提供し、クリスマスにはフライドチキンを入れ込んだ。

「私たちはここで食堂を始めた時から、『普通の食堂』と同じことがしたいという目標を持っているんです。『イチエフだからこういうものしか出ない』というのは絶対にダメだ、と思ってきました」

と、竹口は言う。

「だから、何でも『美味しい』と言って食べてもらえることに甘えず、自分たちもどんどんレベルを上げていかないと。現場の人たちの舌が肥えてきて、食堂があるのが当たり前になってくれば、いろんな意見が出てくるはず。その声が上がってくる前に、新メニューを開発して飽きさせないよう努力をするのが、私たちの仕事です」

ただ、今でこそ彼女は当たり前のようにそう胸を張るが、二〇一五年に給食センターが稼働するまでには、様々な紆余曲折と彼らの努力があった。

社長の渋谷も調理師の竹口も、以前は愛知県内の職場で働いてきた。浜通りに来るのは初めてで、最初は様々な戸惑いの中でこのセンターを一から作ってきたのである。

もともと子会社の弁当工場の責任者を務めていた渋谷は、二〇一四年の初頭に日本ゼネラルフードの社長から福島への赴任を打診された。同社は震災後に売りに出た東電の子会社・東京リビングサービスを買収しており、その縁でイチエフの食堂事業についての提案があったという。

だが、給食センターの建設予定地を訪れた渋谷は最初、「こんな誰もいないところに、どうやってスタッフを集めればいいのだろう」と途方に暮れたと振り返る。

いまでこそ大熊町の大川原地区には、町役場と復興公営住宅、東電社員寮や協力企業のプレハブ、広大なモータープールなどが建設されているが、当時はまだ周囲に雑木林や寒々とした空地が広がっているだけだった。

名古屋で働いてきた彼にとって、それまで原発事故は遠い出来事でしかなかった。まるで無人の映画のセットのような街を車で走りながら、「とんでもないところに来た」と思うだけではなく、彼は「こういうことだったんだ」と妙に納得する気持ちを同時に抱いた。

「高速のインターチェンジを降りても、除染をしている人たちが少しいたくらいで、あとは全く何もない。従来の食堂では女性が多く働いているわけですが、ハローワークや役場で相談しても、『あの辺りで働く女性はいないですよ』と言われ、かなり不安になりました」

構内の食堂に必要な人員は約百名を見積もっていた。しかし、いわき市内で募集広告を出してみたものの、初回の説明会に集まったのはわずか八名だったという。さらにいわき市の飲み屋で地元客と話しても、大熊町に給食センターを作ると言うと驚かれた、と彼は続ける。

「当時は地元の人からも『大熊って防護服を着ているんでしょ』とよく言われたものです。名古屋から来た僕らにとっては意外でした。地元の人でもそういう認識なのか、と。そのときは『三十人しか集まらなかったら、どうやってオペレーションしようか』と、大熊に連れて来る予定のスタッフと真剣に話し合いました。こうなったら全員で作って、全員でマイクロバスに乗って発電所に行き、また帰って来て仕込みをやるしかないか、なんていう話が全く冗談には感じられませんでした」

幸いだったのは、不調に終わった一回目の説明会は応募者こそ集まらなかったものの、テレビや新聞社などのマスメディアの関心を引くニュースだったことだ。その後、渋谷は福島県内で十回ほどの説明会を開いたのだが、その度に知名度が上がり、参加者の人数も増えていった。結果として百名の定員に対して百八十六名の応募者が集まり、彼はほっと胸をなでおろしたのである。

福島復興給食センターの運用が始まったのは二〇一五年六月一日。同センターは九千八百二十八平方メートルの敷地に建つ二階建ての建物で、仕込みから調理、搬送までが完全分業で行なわれる。約六百人分の味噌汁を一度に作れる巨大電気釜、フライヤーや魚焼き機、炊飯器など、オール電化の全自動調理機を備えた最新の設備となっている。

この建物の二階の渡り廊下には、今も復興給食センターの試験運用が始まった日の記念写真が飾られている。日本ゼネラルフード本社の社長と鳥藤本店の重役を含め、約百名のスタッフが一堂に会したものだ。センターの従業員は真っ白な制服、食堂のスタッフはスカーフを巻いた姿で写っている。みな笑顔だ。六割が女性でいわき市の在住者が最も多いが、避難生活を送る双葉町や大熊町の出身者も十人以上いる。

給食センターの設立から責任者を務め続けてきた渋谷はこの写真を見る度、そのときの喜びが胸に甦ってくる。

初めて大熊町を訪れたとき、「こんな誰もいない場所で給食センターなどできないのではないか」と不安だった。だが、こうして一つの「働く場所」ができると、そこには人々が出勤する風景が現れ、彼ら・彼女たちの乗る自動車が道を走り、小さな「日常」が再び生み出された。その一連の過程を彼は確かに見て、自らも体験したのだった。

「社員食堂が新聞に載ったり、ニュースに出たりすることはまずありません。だけど、ここでは多くの取材を受けてきました。日本一注目されている食堂を任されているんだ、という意識でやっています」

それに——と彼は言う。

「この前、親会社の社長に言われたんです。『おまえの様子を見ていると、ここに来るためにゼネラルフードで修業をしてきたんだな、って思うよ』と。私もそう感じています。この会社に入ってもう三十七年が経ちますが、管理者として頭を下げに行くことはあっても、お客さんから『ありがとう』と言われることはほとんどありませんでした。でも、ここでは数えきれないほど『ありがとう』と言われてきました。だから、ここは私にとって誰かが食べるものを美味しく作る努力をし、実際に美味しいと言ってもらえる場所。それって私たちの仕事の原点だなと思うんです」

あと数年で六十歳を迎える渋谷は最近、「定年までここにいますよ」と社長に告げた。すると、「なに言ってんだ。延長して六十五までいればいいよ」と返されたのだと、嬉しそうに話すのだった。

二〇一八年四月に異動で愛知県へ戻った竹口にとっても、この給食センターでの経験は生涯忘れられないものとなった。

「もしあの職場に行かなかったら、私は地震のことなんてほとんど忘れたまま生きていたと思うんです」

栄養士として大熊町に行くことになったとき、彼女は職場の同僚から「大丈夫なの？」と心配されたものだった。「子供を産む前の女の子が行く場所じゃないよ」と心配され、不安になって両親にも相談した。そのとき「そこで子供を育てている人もいるのに、そんなことを言うのは失礼よ」という母親の言葉に背中を押された、と彼女は振り返る。

そうして給食センターで働き始めた彼女は、そこで初めて原発事故の「被災地」で生きる人々にも会った。

最初の頃、双葉町や大熊町に暮らしていた従業員に、「近いんだから、仕事帰りに家の様子を見てきたら？」と彼女は聞いていた時期がある。しかし、そう聞くと誰もが口ごもり、何とも言えない愛想笑いを浮かべたことを、今でも胸に留めたままでいる。

「あるとき『自分の建てた家を見ると、寂しくなっちゃうから行けないの』と言われ、はっとする思いがしたんです。彼女たちが抱えている複雑な思いを垣間見た気がして」

地元採用の女性たちの中には、条件の良い職場を探していたというだけではなく、福島の「復興」に少しでも携われる仕事をしたい、という気持ちを持つ人も多かった。そんな彼女たちと三年間という時間をともに過ごすうち、竹口もまた福島のために何かをしたいと考えるようになった。

「大熊町で働き始めてから、私は名古屋に帰る度にこの場所のことを話すようになりました。地元に帰ると、まだタイベック（防護服）を着ていると思っている人も多いし、『そんなところでご飯を食べて大丈夫なの？』と言う人もいます。私自身、それまで福島の復興なんて考えたこともなかった。いまは、もっとみんなが知らないといけない、と思うようになったんです」

二〇一七年一二月、イチエフ内の食堂では合計百万食を達成し、同月一四日にフェアが開催された。これまでの人気メニューと県産品メニューとして竹口たちが用意したのは、A・ミックスグリル、B・ミックスフライ、麺・なみえ焼きそば、丼・豚肉うなダレ丼、カレー・ロースカツカレーであった。

一五時〇〇分、福島県立医科大学――

この時間、入退域管理施設の一階にある救急医療室（ER）では、一日に一度のテレビ会議を用いたブリーフィングが行なわれている。

福島市光が丘にある福島県立医科大学付属病院に、このテレビ会議システムに必ず出席している医師がいる。原発事故当時における同病院の救命救急センターの責任者で、震災の年からイチエフの医療体制作りに携わってきた長谷川有史《ありふみ》である。

長谷川は毎日、一五時になると休みの日でも大学を訪れ、教授室や震災後に設置された放射線災害医療センターの診療室の脇で、ノートPCを広げて会議に顔を出すようにしてきた。

参加するのはイチエフのERに勤務する医療班、福島県庁に置かれているオフサイトセンター、福島第二原発の関係者など。その日の天候や気温、原子力災害にかかわるイベント、傷病者情報についてのやり取りが行なわれ、廃炉作業の進捗についても報告がなされる。

正月休みであってもこの会議にだけは参加するという彼は、「まァ、会議と言っても五分、十分の話ですから」と話してから、こう続けるのだった。

「いまのイチエフは陸の孤島ですよ。でも、あそこでは一日にのべ五千人から六千人の人々が働いているわけです。国民全体がその人たちに対して、どれだけの関心を持っていると言えるでしょうか。僕みたいな外の人間からの関心の目がないと、危機に対応している人たちのモチベーションも下がってきますからね」

現在、イチエフのERには約三十名の医師が登録している。二十四時間体制の救急医療が提供されており、現在の患者の数は月に十名前後。多い時期でもその数は四十～五十人程度で、救急医療室としてはかなりゆとりがあるといえるだろう。だが、イチエフの現場は長谷川の言う通り「陸の孤島」であるため、そこは作業員の命を守る唯一の砦でもある。

実際、現場ではこれまでに死亡事故も数多く発生している。

防護服を集める廃棄物処理車に挟まれたケース、タンクからの落下、穴の中での作業中の土砂崩れといった労災の他、「最近では生活習慣病に起因する事例が多い印象がある」と長谷川は言う。

「胸部の不快感を訴えて診察に来た作業員さんに、危険な不整脈を発見した例が最近もありました。この頃は比較的軽いうちに受診してくれるので、熱中症などはかなり事前に防げています」

長谷川はイチエフの医療体制づくりにアドバイザーとして携わってきた医師の一人だ。だが、大学病院の救命救急センターで働いてきた彼にとって、こうした土木・建築作業の現場における「医療」のあり方を考えるのは初めての経験だったという。

「だから、最初の頃は東電や協力会社の管理の姿勢が甘いんじゃないか、と声を荒らげてばかりいました」

と、彼は振り返る。

というのも、当時の大小様々な労災事故は彼の目から見て、「注意をしていればどれも防げたのではないか」と言いたくなるものばかりだったからだ。

「前日に酒を飲んでふらふらしていたり、水を飲まなくて脱水症になったりして転んだ人が来る。クレーンの下に入っちゃいけないのに、ちょっとした作業を自分でやろうとして下敷きになる人がいる。労災事故が起こるということは、未知の放射性物質が付着したかもしれない患者の診療の機会が増えるということです。僕らのような救急医からすると、それは本当にストレスの高い仕事になる。それなのに事故が繰り返されるのを見て、そんなの現場の安全管理の問題だろう、と最初は思っていたんです」

当初、長谷川は事故を起こした東京電力という会社に対して、不快感とも言える感情を抱いていたと続ける。その感情の背景には、二〇一一年の三月一一日からの救命救急センターでの体験があった。

震災直後からの数日間、救命救急の責任者だった彼は、通常の診療を停止して災害対応体制となった救急外来の対応に追われた。沿岸部から搬送されてきた〝津波肺〟や骨盤骨折などの被災者、その他の外傷やストレスに起因すると思われる心疾患などの処置をひっきりなしに行なうなか、追い打ちをかけるように起こったのが福島第一原発での事故だった。

放射性物質が付着した外傷患者が運び込まれるようになったのは、三号機が爆発した日からのことだった。三月一四日から一五日にかけて四人の患者が運び込まれ、その後、原発周辺で怪我をした自衛隊員、爆発の破片で外傷を負った作業者、田んぼで転倒して水を飲んでしまった人など、イチエフ内での受傷者を中心にカルテには十三名が記載されることになる。

長谷川が今でも複雑な表情を浮かべるのは、被曝医療への知識の不足から、そうした患者たちに不要な不安を与えてしまったという思いがあるからだった。

「正直に言って、当時の僕らはしり込みをしていました」

と、彼は言う。

「放射性物質の付着した患者さんの診療の経験が、僕らには全くありませんでした。しかも当時は状況が不明確でしたから、それがどれくらいの大きさのハザードなのか、どのくらいのリスクなのかを判断できる材料も知識もありませんでした。だから、とても不安だったし、怖かった」

一九九九年に起きた東海村でのＪＣＯ事故以後、放射線の測定器や防護服が災害拠点病院には整備されていた。診療では患者の脱衣や拭き取り、水洗いの度に測定を行なうことになっていたが、もちろん彼らには全く経験がなかった。

長谷川が心を痛めているのは、そうした自分たちの知識不足が、患者たちを不安にさせてしまったのではないかということだ。

「彼らはただでさえ怖かったと思うのに、防護服を着た完全防備の医師たちに取り囲まれたわけですから。あのときは放射性物質のリスクをよく理解していなかったので、とりあえず防護しようという意識だったけれど、もっと勉強をしていれば患者さんにストレスを与えない形の診療が可能だったかもしれない——といまでも思うんです」

そのなかで胸に生じたのが、事故を起こした東京電力への怒りと憎しみの混ざり合った感情だった、と彼は話す。

「患者さんに対しては全ての能力を本能的に注ぎますが、イチエフがなかったらこんな未知の状況に立ち向かわなくてもよかったのに、という気持ちが常に心のどこかにあったんです。そのピークは三月一五日、放射線災害に特化した医療支援チームが病院に派遣されてきました。多くの医療者も避難しているなかで、彼らから聞かされたのが『場合によっては再臨界を起こし、原子炉が連鎖反応的に崩壊するリスクがある』という話でした。あのとき一緒に働いていた医師はみんな、一人が一度くらいは泣きました。あれは感情失禁というやつですね。それくらいに追い込まれていたんです」

そのように最悪の形で「東京電力」という企業と出会った彼が、後々もイチエフの医療体制づくりに携わっていったのは、病院内に設置された被曝医療班のリーダーになったからだった。

ただ、そうした東電へのわだかまりは、一方でJヴィレッジやイチエフの現場で働く作業員や東電社員の姿を見るうちに、徐々に別のものに変わっていったという。

「現場で必死になって働く人々を見ていると、『自分の仕事は医者だよな』と原点に立ち返るというんですかね。災害の収束作業を医療者として支えるのが僕らの仕事だ——そう思ったら、東電に悪口を言う前に自分たちにはやるべきことがあるだろう、と気持ちを切り替えようと思うようになって」

さらに、あるとき同じく廃炉現場の医療体制づくりにかかわっていた産業医から、次のように言われたことも忘れられない。

「だけどね、長谷川くん、労災事故というのは一定の割合で起こるんだ。だから、どんなに注意しても事故は起こるという意識で、僕らは医療のあり方を考えなければならない。働いている作業員の気持ちを理解する必要がまずはあるんじゃないかな」

例えば、労災事故を減らすためには、作業員の疲労を軽減する施策を講じる必要がある。では、作業現場に休憩所を作ろうとする際、医療者はどんなアドバイスを東電側に伝えるべきなのか。

生活習慣病の予防の観点からすれば、居心地の良い喫煙所を作る必要はないだろう。だが、「煙草は身体に良くないから禁煙」と杓子定規に言ってしまえば、「煙草を吸えないなら休んでもしょうがない」と仕事を続けようとする作業員が出てくるかもしれない。

あるいは、放射性物質の拡散を防ぐためには、防護服を着たまま用を足すのは好ましくない。しかし、そうした決まりがあることによって、現場でトイレに行かなくてもいいように水分を控える人が増えてしまうのは本末転倒である。

「結局、僕らが教科書的に『煙草はダメ』『汚染を拡大する恐れがあるから、しょんべんは防護衣を脱いでから』と言っても、作業員の労働災害は減らない。必要なのは彼らの視点に立って、彼らが実際に自ら休憩をとる対策を医療者として考えることなんです」

現在、彼が一五時のテレビ会議に必ず顔を出すようにしているのも、その中で廃炉作業に当たる人々に対する思いが深まっていったからなのだろう。

「僕は外部の人間として、外から彼らにメッセージを送ることが大事だと思っているんです。現場からは小姑のようだと思われているかもしれないし、気の利いたことも言えないけれど、あなたたちのことをいつも見ているよ、というメッセージをとにかく送る。それが僕の日課です」

そう語る彼の着ている救急部のユニフォームの胸ポケットには、少し年季の入ったペアン（止血鉗子）が収められていた。それはあの年の三月一二日、浜通りから搬送されてきた重症患者に対して、地元の医師がチューブを固定するために使っていたものだという。

「僕は元気がなくなると、『当時を思い出してしっかりしろ』と自分を鼓舞するために、いつもこれを持ってくるんですよ」

そのペアンにそっと手を当てながら彼は言った。

一八時〇〇分——

福島第一原発では朝早くから作業が始まる一方、西日の眩しくなる午後の夕方前には構内がすでに閑散としていることが多い。真夏ともなれば明け方の涼しいうちから作業が始まるため、午後にはほとんどの仕事が終わっている。よって、日が暮れ始める時間帯は構内全体が気だるい静けさに覆われ、四棟の建屋の向こうに広がる海も徐々に闇の中に溶けていく。

だが、そのように日が暮れて人々がいなくなった後も、空気の澄んだ日には満天の星空が広がる静寂の構内で、「廃炉という仕事」にとって重要な作業が続けられている。次章で描く鹿島建設の「東電福島高線量廃棄物運搬工事事務所」による高線量瓦礫の運搬が、日中の作業が終わった夜の時間から始まるからである。

福島第一原子力発電所３号機（2020年９月）

第四章

高線量瓦礫は夜運ばれる

ローテクとハイテクを組み合わせる

福島第一原子力発電所の構内の高台から見渡せる四つの原子炉建屋。廃炉作業が進められるその現場の風景を眺める時、多くの人の目を引くのが、巨大なドーム状の構造物に覆われた三号機の異質さである。

三号機は事故当時、水素爆発によって建屋の上部が吹き飛んだ。激しく破損したその瓦礫が撤去され、後に作られた構造物は「使用済燃料取り出し用カバー」と呼ばれる。「かまぼこ」の形をしたドームを八つに輪切りにする手法で組み立てられたものだ。

全体の大きさは全長約五十七メートル・地上高約五十四メートル。内部の「オペレーティング・フロア」には四号機と同様に建屋内のプールから使用済燃料を取り出すための装置があり、東京電力は二〇一八年の後半に遠隔操作での取り出しを予定していた。だが、五百六十六本の燃料を取り出すこの重要な作業は装置の不具合で繰り返し延期され、二〇一九年四月になってようやく取り出しが始まった。現在も作業が続く三号機のその姿は、廃炉の現場を象徴する風景の一つだ。

施工を担当した鹿島建設の工事所長である岡田伸哉にとって、ドームの最後のパーツが接続された二〇一八年二月二二日は、自らのキャリアの中での忘れられない一日であり続けるはずだ。

工事の現場責任者である当時五十五歳だった彼はその日、高さ約百メートルの巨大クレーンに吊り下げられたドームの部材を、オペレーティング・フロアから静かに見上げていた。頭上がゆっくりと覆われ始めると、周囲が皆既日食のように少しずつ暗くなっていった。そして、しばらくしてゴムパッキンが衝撃を吸収し、四十五トンもの重さのある部材は音もなくフロアに接続された。

「ワイヤーが外されてクレーンが戻っていく合図を聞いたとき、『やっと終わった』という気持ちが胸に湧き上がってきました」と岡田は今も目を細めて語る。

彼がこのような感慨を抱いたのは、その作業が約七年間続いたプロジェクトにおける大きな区切りだったからだ。

同社の原子力関連の工事に携わってきた彼が、三号機の「カバーリング工事」の現場担当者に任命され、事故後の福島第一原発を初めて訪れたのは二〇一一年五月下旬のことだった。放射線防護服と全面マスクを着て建屋を近くから見上げたとき、彼は文字通り途方に暮れたことをよく覚えていた。

建物の全体をカバーで覆うためには、水素爆発を起こした建屋や周囲の瓦礫をまずは撤去する必要があった。だが、当時の三号機の上部には、鉄骨やコンクリートの破片が積み重なり、スパゲティのように複雑に絡まり合っていた。さらに建屋上部からは湯気が上がってお

新潮社

新刊案内

2021 2 月刊

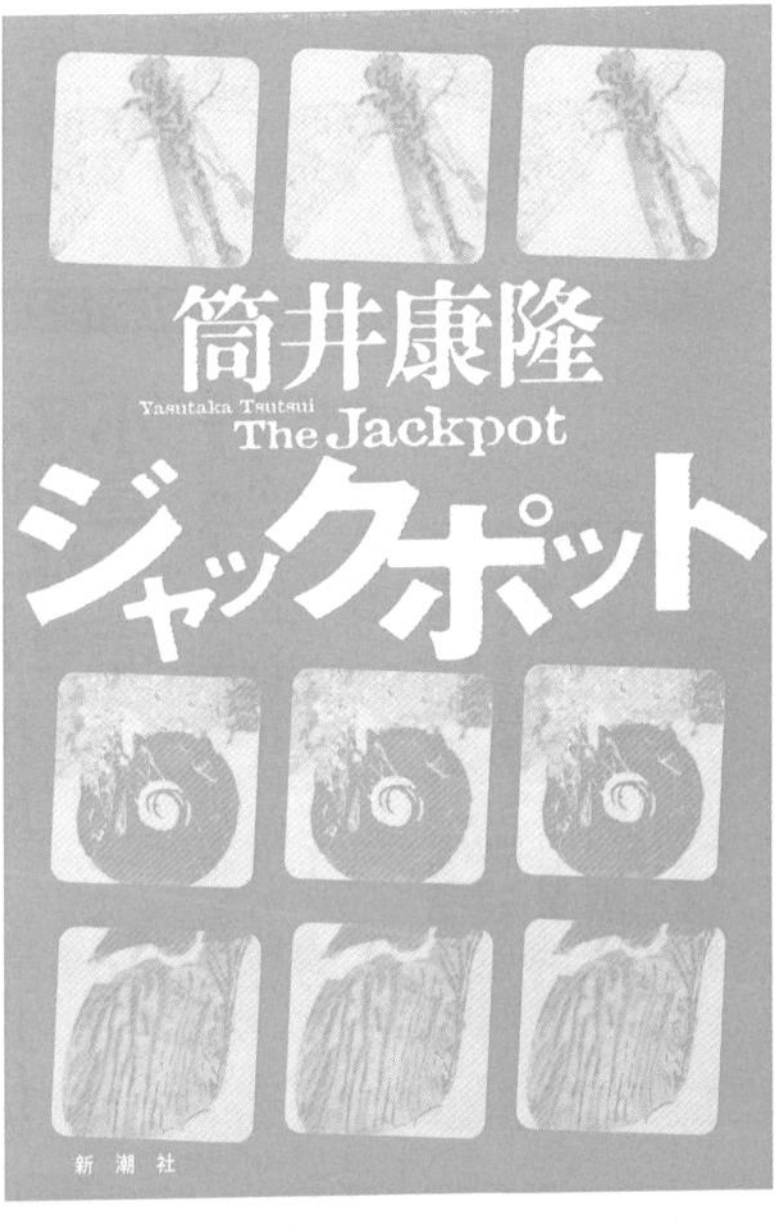

装画／筒井伸輔

血も涙もある

山田詠美

私の趣味は人の夫を寝盗ることです――有名料理研究家の妻、年下の夫、そして妻の助手兼夫の恋人。３人が織りなす極上の危険な関係。

２月25日発売●１５００円

366817-6

ジャックポット

筒井康隆

コロナ禍、戦争、ジャズ、映画、文学、嫌民主主義、そして息子の死――。かつてなく「筒井康隆の成り立ち方」を明かす最前衛の〈超私小説〉集。

２月17日発売●１６００円

314534-9

2021年2月新刊

純情 梶原一騎正伝

小島一志

超人気マンガ原作者はなぜ転落していったのか？　徹底取材で新事実続々、警察と報道によって作られたイメージを根底から覆す衝撃作！

２月25日発売●１６００円

301455-3

り、その光景はあまりに非現実的で禍々しいものだった。

「線量も非常に高かったので、その場にいたのはほんの一瞬だったと思います。でも、長い時間そこに立ち尽くしていたような、そんな記憶として今も頭にこびりついているんです。私も長く経験を積んできたので、現場に立てば普通はだいたいの工程が読める。でも、この現場では『自分が何をできるのか』と混乱していました。とにかく迫力に圧倒されるばかりで、考えがまとまりませんでした」

従来の解体工事の現場であれば、ひと月もあれば瓦礫を撤去できるだろう。だが、高線量の放射線を帯びた現場には人が近づけないため、クレーンなどの重機を遠隔操作する必要があった。

また、絡まり合った建屋の残骸を無造作に動かせば、その下の燃料プールに様々な瓦礫が落下する恐れが強い。プール内の燃料に瓦礫が直撃するなどして、燃料の冷却ができなくなる事態を引き起こしてしまうことは絶対に避けなければならない。さらには放射性物質の飛散を防止するため、撤去作業ではダストを極力抑える必要もある——。二重三重の悪条件を前に、彼の思考はまとまらなかったのである。

「ただ、茫然としているだけでは前に進めません。まずは手前にあるものを一つずつ片づけていくしかない、と心を立て直したんです」

周囲に散らばる瓦礫をひとまず退けた後、本丸となる建屋上部の瓦礫撤去に取り掛かるに当たって、彼らが試みたのは「ローテクとハイテクを組み合わせることだった」と同社の原子力設計室長の松尾一平は振り返る。

作業の手順としては、最初にクレーンや隣の二号機建屋に取り付けたカメラで、積み重なった瓦礫の写真をあらゆる角度から撮影する。瓦礫の一つひとつはもともと、他の鉄骨などにボルトで繋がっていた。鉄骨のそのボルトが繋がったままなのか、それとも切れているのかを、無数の瓦礫について調べる必要があったからである。

「写真を一枚ずつ拡大して、『ここはボルトが切れている』『ここは切れていない』と現場の熟練者が一個ずつ見極めていったんです」

次にJVパートナーの東芝の協力を得て、その写真を3D化したデータを構造設計部門で解析した。そこで「Aを動かすとBは動くのか、それとも落ちるのか、全く動かないのか」をやはり一つひとつの瓦礫について判断していったわけだ。

構造設計部では過去に、米国の9・11テロでのワールドトレードセンターの崩壊のメカニズムを社内の独自研究として解析していた。三号機の瓦礫の「挙動シミュレーション」では、その際の研究成果も活かされたという。

彼らは解析結果をもとに3Dプリンターで粉体模型を作成し、岡田たちのいるいわき市の現地事務所に送り届けた。その後、現地事務所では色分けした模型をペンチで実際に切りながら、担当者が取り除く瓦礫の順序をやはり一つずつ確かめていった。

そうしたシミュレーションを繰り返した後、鉄骨やコンクリート瓦礫を一つずつ抜き取る順序を決めた上で、建屋上部の大型瓦礫撤去が開始されたのは二〇一二年八月のことだ。

「まるで積み木崩しをしているかのようでした」

当時の苦労が思い起こされるのか、岡田はそう言って思わず苦笑いを浮かべる。

当初、彼らは瓦礫撤去の期間を算定するにも、あらゆる作業が全くの未経験のもので、いったいどれくらいの時間がかかるのかが分からなかった。

「現場では遠隔操作の重機の先に付けるカッターやペンチやバケット、フォークなどのアタッチメントを駆使していくのですが、初期の頃はどの瓦礫を取るかを話し合いながら、『今日は三つ取りました』『明日はこれを取りましょう』という感じでしたから」

現場では毎朝、水に糊の成分を溶かした飛散防止剤を瓦礫にまき、ダストが舞わないように工夫した。雲仙普賢岳の噴火復旧工事に始まる無人化施工技術を応用し、初期の作業では数十メートル離れた場所の遮蔽トラックから重機を操作していたが、三号機カバーでは技術開発を進めて五百メートル離れた場所からの操作を可能にもしている。

だが、それだけ慎重に作業を行なう中でも、二〇一二年九月には約四百七十キログラムの鉄骨が使用済燃料プールに落下する事故も起こった。幸いにも燃料に損傷はなかったが、作業が三か月間にわたって中断されたのは、現場を監督する岡田にとって苦い経験だ。

「あのときは重機を操作していた熟練のオペレーターさんも落ち込んでいましたね。そのなかでチームのモチベーションを保っていくのが大変でした」

プールに落ちた鉄骨を引き上げる際は、実物大の模型を作り、クレーンに付けたカメラも水中のように映り難くして練習を繰り返したという。落下時に担当だったオペレーターが

「俺にやらせてほしい」と自ら手を挙げ、三か月後に引き上げを成功させたときは胸が熱くなった、と岡田は振り返る。

「瓦礫撤去に目途がついたのは、そうして不安定な鉄骨がなくなったときです。その後の屋上の除染も全くの未知の世界でしたが、一つの節目ではありました」

瓦礫撤去後の三号機の屋上は、場所によって八〇〇ミリSv／hという凄まじい高線量の箇所もあった。米国のペンテック社（スリーマイル島事故でも活躍した企業）と東電が共同開発した「無人除染装置」も活用し、後に人が作業するエリアの線量を一ミリSv以下にしていくことを目標に除染作業が続いた。それでも場所によっては運転席を遮蔽したパワーショベルを使い、ストップウォッチを片手に「二回ショベルを掻いたら帰ってきてくれ」とオペレーターに指示しなければならない局面もあった。

三号機の「カーバリング工事」は結果的に、そのような瓦礫撤去と除染作業に約五年間を要することになったのである。

集められた多様な技術者たち

現場事務所で岡田が瓦礫撤去と除染作業に取り組んでいた時、東京の鹿島建設の本社で同時に進められていたのが、原子炉建屋を覆うあのかまぼこ型カバーの設計である。

同社の原子力設計室に勤める小川喜平が設計の担当責任者となったのは、事故からわずか一か月後だった。一号機のカバーリング工事は清水建設、四号機については竹中工務店を中心としたＪＶが結成されており、鹿島建設に依頼されたのは三号機建屋を何らかの形ですっぽりと覆う構造物の実現だった。

「火の粉を振り払うような状況」と呼ばれた事故の収束作業の初動のなかで、当時は「とにかく早く覆って欲しい」というのが政府や東電からの要請だった、と彼は話す。

「ところが、六月末には東電から『方針変更』の連絡がきたんです。問題は露出したままの使用済燃料のプールで、海水による冷却も行なったため、将来的に部材が錆びれば何が起こるかが分からない。なるべく早く使用済燃料を取り出す必要がある、と」

岡田が建屋の瓦礫の山を前にして途方に暮れたのと同様、彼もまた、その要請内容を聞いたときは、どのように仕事を始めればいいのかが分からなかったと話す。

「設計自体はどんなものでもできるわけですが、何しろ現場の放射線量が高過ぎる。どうすれば施工が可能なのかが全くの手探りの状態でした」

例えば、建屋を覆うためにはその外周を「構台」で取り囲み、上部に何らかの形で屋根を付ければよい。しかし、柱や梁をボルトでつなぎ合わせる従来の方法でそれを作ろうとすれば、作業員の被曝が避けられないのは明らかだった。「高線量下で構台のボルトを締める作業は一人につき一日に二十本くらいが限界」であり、作業員の被曝量の制限（一年に五〇ミリSv、五年の累積で一〇〇ミリSv）を考慮すると、鉛入りの十五キロの防護スーツを着用し、五分の作業を入れ替わりながら行なう、といった手法が想定された。それは全く現実的ではなかった。

そこで小川の率いる設計チームが考えたのが、「被曝低減設計」という全く新しいコンセプトだった。例えば、「省人継手」と呼ばれる仕組みがある。これは構台のブロックを積み上げる際、その上下を傘の「はじき」のようにつなぎ留めるものだ。

「クレーンでブロック同士を重ね、ピンがしっかりと接続されているかを目視でチェックするだけなら、現場にいる時間は五分で済む。いかに作業員の被曝を防ぎながら構造物を作るかというテーマは、我々の会社にとっても社会にとっても、大きな意義のあるものだったと考えています」

ただ、彼ら設計チームが苦心したのは、そのように部材のアイデアを考え、設計を進めていく最中にも、政府や発注元である東電からの要求水準が高まっていったことだ。最初は「とにかく覆ってほしい」というものだった要求が、燃料取り出し設備の設置の追加を経て、最終的には従来の原子力設備に適用される「Ss」の耐震性が求められることになったからだ。Ssは施設に大きな影響を与えると想定される地震動を指している。

「例えば千トンの鉄骨を二千トンにすれば、二倍の強さの地震に耐える建物を作るのは簡単です。しかし、二千トンの鉄骨を使用するということは、作業員が二倍の被曝をしてしまうことを意味する。よって、同じ重さの構造物に数倍の耐震性をもたせるために、オイルダンパーや様々なストッパーなど、耐震技術を存分に投入していきました。要求が増える度に描いた図面が全てパーになるわけですから、最初はいつも『本当にやるんですか』という気持ちになったものです。でも、最後には『それをやるのが我々の仕事だ』と思い直し、腕の見せ所だと奮起することの繰り返しでした」

その頃、東京・赤坂の社屋の一角に設けられたプロジェクト室には、「機械屋、工事屋、解析屋、設計屋と多様な技術屋」が必要に応じて集まり、案を練る日々が続いた。三号機上部のドーム型の燃料取り出し施設の形も、そのなかで彼らが導き出した「最適解」だったという。

三号機の上部のカバーは、ドームを八つに輪切りにしたユニットでできている。一つのユニットは半円状の二つの部材に分けられ、組み合わせた後にフロアのレールに載せて動かしていく。

ドーム型の利点は軽さに加えて、取り出し設備を取り付けるオペレーティング・フロアの空間を広く取れることだ。また、「被曝低減設計」の視点からも、現場での作業時間を短縮できるメリットがあった。

ユニットは「3ヒンジ」と呼ばれ、三か所のみでシンプルに接続された。福島第一原発での建設作業では、一度運び入れた部材を簡単には交換できないため、現場での組み立ての失敗が許されない。よって各建設会社は物資の輸送基地である小名浜港で巨大なカバーを一度組み立ててから分解し、船で現場へと運び入れて一発勝負の組立作業を行なってきた。

しかし、鉄骨は温度によって伸び縮みするため、巨大な部材にはワイヤーなどを使って「歪み直し」をする場合がある。よって接続部分を三か所まで絞り込み、施工時の誤差をある程度まで許容できる円形は合理的だった。部材の誤差をなくすのではなく、誤差があっても接続が可能な形を選んだというわけだ。

そうして設計されたカバー上部の組立が始まったのは二〇一七年七月。巨大な部材は小名浜港を深夜二時に出発し、朝の八時頃に福島第一原発の物揚げ場に到着すると、「スーパーキャリア」で運ばれた後、クレーンで建屋上部まで吊り上げられることが繰り返された。現場を担当した岡田は「現地での作業に入る前に充分に準備を重ねることができたので、『建設すること』については工程通りに進めることができた」と語るが、その彼にしても最後のパーツが接続された際、心が強く揺さぶられたのは前述の通りである。

「これまでに三号機だけで延べにして八百人の社員が、この現場で入れ替わり立替わり働いてきました。彼らが帰っていく度に、『ここのことを正しく伝えてくれよ』といつも言っているんです。『関西支店や九州支店に戻って、この場所のことを伝えるまでがみんなの仕事だぞ』と」

七年間のカバーリング工事を振り返るとき、そう語る岡田は「何のために俺たちはこの仕事をやるのだろう」と考えるようになった、と続けた。そのなかで、彼が次のような心境を吐露したことが印象的だった。

「この仕事は何も起こらなくて当たり前で、何かが起これば新聞の一面で報じられるものです。だから、日々のプレッシャーは大きかった。そのなかでいつしかこう思うようになったんです。『国のため』と言う人もいるけれど、廃炉という仕事は本質的に子供たちのためのものだ、と。電力というものを享受してきた我々の世代が、次の世代のためにこの場所を何とかする責任がある、といまは実感しているんです」

世の中にこんな仕事をやった人はいない

さて、このようにカバー工事が進められた三号機では、二〇一九年四月から使用済燃料プールからの燃料取り出し作業が始まっている。手順は第二章で描いた四号機のやり方と同じだが、異なるのは遠隔操作でそれが行なわれていることだ。担当するのはやはり宇徳とTPTのコンビで、二〇二一年一月一一日の時点で五百六十六本中四百七十五本の使用済燃料がすでに取り出されている。

こうした「成果」が出る中で忘れてはならないのは、岡田がオペレーティング・フロアの瓦礫をパズルのように片づけ、小川たちのグループがカバーを作り上げていった背後で、もう一つ同社の別グループによる欠かせない仕事があったことだ。それがイチエフの夜に瓦礫を運搬する前章の「東電福島高線量廃棄物運搬工事事務所」の働きだった。

同事務所の所長である福山哲也に、私が話を聞いたのは二〇一八年五月のことだった。彼は一九六九年生まれで、一九九三年に鹿島建設に入社した。イチエフの現場に異動したのは二〇一三年四月、それまでは工事管理や通称「東京土木」と呼ばれる東京都内の現場を渡り歩き、洪水調節施設や高速道路のジャンクションの現場工事にかかわってきた。原子力関連の仕事をした経験はなく、福島第一原発への異動は寝耳に水の出来事だったという。

ある日、上司に呼ばれてイチエフへの赴任の内示を受けた際、彼は思わず「そんなのやったことがないし、分からないですよ」と弱音を吐いたと振り返る。

「でも、上司には『世の中にこんな仕事をやったことのある人はどこにもいないから』と言われましてね。その言葉を聞き、半ば開き直ったような気持ちでこの現場にきたんです」

イチエフ内での高線量瓦礫の運搬は当時、そのシステムが作り上げられて間もない状態だった。彼は前任者の仕事を引き継いだものの、実際にどう瓦礫を運搬するかは手探りの状態が未だ続いていた。そんななか、着任早々に数百ミリSv／hの瓦礫が出て「頭が真っ白になる」ような瞬間もあった。

イチエフの建屋周辺から出る高線量瓦礫の運搬作業を専門とする彼の部署は、第二章で描いた竹中工務店による四号機のカーバリング工事、そして、鹿島建設の三号機の工事が続けられる中で、その瓦礫を安全な場所（構内の地下貯蔵庫）まで運ぶために作られたものだ。カーバリング工事のほかにも、様々な撤去作業が進むと自ずと放射性廃棄物が出るため、次第に一定の放射線量を超える廃棄物については全て彼らが引き受けるようになった。

「いわばイチエフのごみ収集屋さんといったところですね」

福山はこのように語ったが、現実は「ごみ収集屋さん」という言葉のニュアンスとは裏腹に、彼自身が「頭が真っ白になる」ことの連続だった。瓦礫と言っても、彼らが扱うのは防護服を着た人が近づくのも容易ではない瓦礫だからである。

福山の瓦礫運搬チームが担当するのは一ミリSv／hを超えるゴミで、三号機の近くに用意された保管場所は「毎時五ミリまで」「毎時三〇ミリまで」など放射線量のレベルによって区分けされている。さらに金属やコンクリートといった東電の決めた廃棄物の分別にも従う必要がある。

岡田が行なっていた三号機の瓦礫撤去では、放射線を遮蔽するコンテナから五十センチ離れた場所で、センサーが六〇〇ミリSv／hという数値を記録したことがあった。中身の線量は一〇〇〇ミリSv／hは軽く超えていると推定され、瓦礫運搬チームではそれを金属の容器に入れて無人で運搬した。

「なるべく可能であれば、当然、有人でやった方が確実なんです。無人だと有人での作業の三倍から五倍の手間がかかります。大きなラジコンでUFOキャッチャーをやっているようなものですからね。ただ、放射線の遮蔽には限界があるので、キャビンの中の線量にはもちろん上限を設けています。それで、これは歯が立たないなと思ったら、無人に切り替える。三号機の瓦礫撤去の最盛期はまさにそのような状況でした」

瓦礫運搬の作業が夜に行なわれるのもそのためだ。彼らはまだ明るい一五時頃から構内を巡回し、一八時に現場に誰もいなくなったことを確認してから、周囲を完全に封鎖して仕事を開始する。だが、凍土壁を作る工事が佳境を迎えていた際は夜まで構内での他の作業が続いていたため、運搬の開始が二三時頃からになる時期もあった。夏場などは深夜三時〜四時には翌日の工事が再開されるため、深夜二時過ぎまで懸命に運搬作業を続けた期間は「かなりきつかった」と福山は言う。

彼らの立場としては再三にわたって早い時間での仕事開始を求めてきたが、どうしても日中の工事が優先されざるを得ない。

「だから、我々はよくこう言っていたものです。『俺たちの仕事は日の目を見ない仕事。夜、人目をはばかるように人知れずやって、朝には何事もなかったようにいなくなる』と」

福山の二〇一三年の就任以来、この瓦礫運搬の作業にも様々な工夫がなされてきた。

まず、建屋近くの瓦礫置き場からの運搬には、放射線を防護した運搬車が線量ごとに使用されてきた。また、瓦礫をコンテナに入れる油圧ショベルも二種類あり、一つはラジコンのように遠隔で操作できるもの、もう一つはオペレーターの乗るキャビンを分厚い鉄板で覆ったものだ。後者は「遮蔽対策重機」と呼ばれている。

比較的、放射線量の高くない瓦礫については、三十七トンほどのダンプを使用してきた。それだけの重量の巨大ダンプなのは、オペレーターを被曝から守る鉄板だけで十トンの重さがあるからだ。

専用に開発された運搬用の重機の中には、車両のガラス部分にフランスの企業が数か月間圧力をかけて密度を高めたガラスをはめ込み、内部は与圧をかけて外から埃が入らないようになっているものもある（車両の価格の六割がガラス代というのだから驚く）。

そして、鹿島建設の瓦礫運搬チームの主役と言えるのが、原発の北西にあるコンテナの置き場から、地下の格納庫にそれを運び込む無人の「クローラーダンプ」と「フォークリフト」だ。

クローラーダンプはキャタピラのついた重機で、免震重要棟の一室からモニターを見ながら操作をする。これは単に遠隔操作ができるだけではなく、GPSなどで自らの居場所と障害物を検知しながら自動でも動く半自律走行車となっている。

このクローラーダンプは日本の自然災害の歴史が生み出した重機で、もととなるモデルが開発されたのは雲仙普賢岳での噴火災害の現場で使用するためだった。

「ただ、こうしたものをラジコンで遠隔操作する作業は、オペレーターの神経があまりにすり減る過酷さがあるんです。一個か二個のコンテナならいいのですが、モニター越しに操作を続けていると、人間の感覚がもたないんですね。よって、例えば単純に真っ直ぐ走るといった箇所については、ある程度の自動走行を可能にする必要があったんです」

ところが、フォークリフトを用いる地下の倉庫ではGPSを利用した制御ができない。そこで同社が活用したのがレーダーによるスキャナーだった。障害物をあらかじめ探知して建物の地図を機械に覚えこませておくことで、地上から地下へとシームレスに移動できるようにしたわけだ。

「工場のように走行路を作れればいいのですが、格納庫の中は高線量になってしまうので、後でメンテナンスができないんです。だから、フォークリフト一台で全てを完結させないといけなかった。もちろん二年、三年かけてじっくり開発をすれば、もっとスマートなものが作れる可能性もあったでしょう。しかし、ここでは時間がなかった。それこそ半年で瓦礫の運搬を何とかしろ、という話でしたから。そこで我々は今あるものを組み合わせて、ブラッシュアップする手法をとったわけです」

また、この一連の作業に欠かせないのが、遠隔で車両を操作できる熟練のオペレーターたちである。

私は一度だけ、免震重要棟の一角にある彼らのオペレーティング・ルームを見学したことがある。室内には何台ものモニターが並び、ハンドルコントローラーやジョイスティックが置かれていた。それは熊本地震後のがけ崩れの現場で見た重機の遠隔操作室とも似ており、豪雨や噴火、地震などの自然災害の経験がイチエフの現場で活かされていることが伝わってくる光景だった。

四～五人で構成されるオペレーターのチームもまた、そうした現場で経験を積んだ人たちだ。一個のコンテナの格納にかかる時間は四十分～一時間。二人組で慎重にフォークリフトを操作するオペレーターは五十代が中心で、以前にも山やダム、長大トンネル、海外の現場で巨大重機を操作してきた「それこそ重機で卵を割らずにつかめる」ほどの歴戦の者たちであった。

格納庫内では直進は緊急停止ボタンに手を置いておくだけだが、実際の積み込み作業になると細かい操作が必要となる。二人で息を合わせ、九台のカメラを切り替えながらの操作は、一目見ただけでもかなり難しそうな作業であった。

福山は言う。

「彼らは腕に覚えのある職人なので、基本的に一匹狼で仕事ができる。その彼らに体の疲労がきつい夜が中心の仕事をしてもらうので、常に人材集めには苦労があります。建設業の人材不足の中で引く手数多のオペレーターたちですから、彼らがイチエフの現場に思いを寄せて残ってくれているのは本当にありがたいことなんです」

瓦礫運搬チームは重機の運転者が約二十名いるが、入れ替わりはそれなりに激しい。チームでの仕事に馴染めない人もいれば、家庭の事情で現場を離れる人もいる。事故当初は危険手当が付いたが、構内の労働環境が整ってきた現在は手当の出ないケースも増えている。イチエフで働く上での金銭的なインセンティブが年々減っていく中で、人材の不足は悩みの種であり続けている。自ずと「災害の現場で働くという使命感ややりがい」に頼るようになっていくことは、東電から仕事を請け負う立場の彼らの課題だろう。

一発アウトの仕事

そんななか、福山のインタビューで私が大切な考え方だと思ったのは、彼が「高線量瓦礫廃棄物」という部署名の表現に強いこだわりをもっていることだった。

鹿島建設は東電との間に「高線量廃棄物処理運搬業務委託」の契約を結んでいるのだが、この名称が使用され始めたのは二〇一七年からのことだ。それまでは「瓦礫運搬」や「瓦礫収集運搬」という呼び名だった。「高線量廃棄物」という言葉が使用されることになった背景には、福山からの強い意向があったという。

彼がそれを強く提案したのは、この仕事を「高線量廃棄物処理」と呼ぶ現実的な意義を仕事の中で感じてきたからだった。

「イチエフの現場で働いていると、人間が慣れによってリスクを感じなくなっていく生き物であることを実感する」

と、福山は言う。

現場の管理者として作業員にはことあるごとに注意喚起してきた。それでも目に見えない放射線への意識はどうしても低くなりがちだった。

例えば、彼らは三〇ミリSv／hまでの瓦礫を「低線量瓦礫運搬」、それを超えるものを「高線量瓦礫運搬」としばらく呼んでいた。すると、作業を続けているうちに作業員の間で「今日は低線量だから大丈夫だな」という会話が日常的にみられるようになった。彼らの仕事を管理する側までが「ああ、今日は低線量だから心配ありません」と気軽に言い出すようになる始末だ。

その様子を間近で見ながら、瓦礫運搬のリーダーである福山は強い危機感を抱いた。「言葉」というものがもたらす影響の大きさを、まざまざと実感したからである。

イチエフの外に出れば「毎時五ミリシーベルト」は人が暮らすことのできない「高線量」であり、それを「低線量」と呼称して違和感を抱かない状況が、いつか大きな被曝事故へと繋がるのではないか。現場と社会の常識との間に、大きなズレがあるのも問題だ。それは原発関連の部署で初めて働くことになった福山の、しごく真っ当な感覚だったといえるだろう。

「そもそも――」と彼は話す。

「初めてイチエフにきたとき、私は放射能をすごく恐れていました。初日に壊れた三号機の前に立ったときは、手元の線量計がピーピーと音を立てているなかで、まさに頭が真っ白になった。私にも十五年間のキャリアがありますから、本来はどんな現場に立っても、取り得る選択肢や工事の手法がある程度は頭に浮かぶものなんです。ところが、三号機前のあの壮絶な光景――津波で流されてきた車が瓦礫に刺さり、まだオペフロからは湯気が立っていたと思います――を前にしたときは、『何をどうすりゃいいんだ』と立ち尽くすばかりだったんです」

福山はしばらく茫然としているうちに、全面マスクを被ったまま泣いていた。その感情は後から振り返るとき、「敗北感」と呼ぶのが最も相応しいものだったという。都市の公共土木工事を十五年間にわたって経験し、難工事とされていた現場も乗り越えてきた。そのなかでエンジニアとしてのプライドを培いもした。だが、彼は自分がそうして積み上げてきた何かが、三号機建屋の前の光景によって否定されたような気持ちがした。

「私は原子力のことはよく知らなかったけれど、事故前はこの国の最高峰の技術だと言われていたわけです。その結果があの凄まじい建屋の姿だったと思うと……ね。自分はエンジニアとして、高速道路や治水施設を作ってきました。公共事業は世間からいろいろ言われますが、少しは社会のプラスになっていると信じているからこそ、胸を張って仕事をしてきたわけです。街の発展に寄与しているんだ、この国のエンジニアリングは最高で、その中で俺は頑張っているんだ、って。その自負が崩れ去ったんですね。なんだこれは、と。いままで俺は何をやってきたんだろう、と」

だが、そのように感じた福山自身が、イチエフの現場で一年、二年と過ごすうちに、あらゆることに慣れていった。

放射線は見えないから怖かったが、次第に見えないからこそ怖くなくなった。建屋の前で恐怖心を抱き、涙さえ流した自分があるとき、何の感情も持たずに平気で同じ場所に立っていた。

そんな彼が東電への名称変更の申し入れをしたのは、東京での会議に参加したある日の上司とのやり取りがきっかけだった。彼がいつものように毎時三〇ミリSv未満の瓦礫を「低線量」と呼ぶと、上司にこう指摘されたのである。

「なあ、福山君。三〇ミリは低線量じゃないよ」

福山がはっとして黙っていると、相手はこう続けたという。

「おまえ、なんか感覚がおかしくなってないか？」

それは原子力という分野で働く人々の常識が、ときに社会の非常識になり得ることを端的に表した瞬間だった。福山もまた、イチエフで働くことでエンジニアとしての何かが麻痺し始めていたのだ。

「低線量という言い方やこの瓦礫収集運搬という呼び方をやめてもらえませんか？　ここにあるのは高いか、めちゃくちゃ高いか、の二通りなのですから」

と、彼が東電の担当者に提案したのは、それからすぐのことだった。

「確かに三号機と四号機の瓦礫処理が落ち着いて、驚くような線量の瓦礫を運ぶ仕事はなくなりました。ただ、線量の低いものが増えていくと、誰もが安易に空のコンテナに近づくようになってしまうんですね。しかし、一号機や二号機での作業が始まれば、また同じような瓦礫が出てくるわけです。そのときに何となく鈍った感覚で、『一〇〇ミリだから大丈夫』なんて思っていたり、とんでもないものが入っているコンテナを空だと思いこんだりしていたら、いずれ大きな事故が起こるだろう、と。だから、高線量という言い方は外部へのアピールであると同時に、働いている人間の危機意識を喚起する工夫のようなものなんです」

東京電力は「普通の現場」という表現を好む。新事務本館や構内の除染を進めてきた結果、全面マスクや防護服を必要としないエリアが広がり、作業者たちは「普通の現場」のように仕事をできるようになってきた――と彼らは広報し続けてきた。事故の影響をなるべく小さく見せたい東電側の意識が、「普通の現場」という表現を強調する背後にはあるだろう。

しかし、それは現場のある側面に光を当てた一つの事実ではあっても、実際に最前線で作業をこなす人々にとっては違う。この現場が「普通」などと呼ばれることに、違和感や暗黙の抵抗を覚える人も多いということを福山の言葉は示している。私はその感覚こそが真っ当なものだと思う。

「我々は一発アウトの仕事をしているんです」

と、彼は言った。

「『普通の現場』と同じように働けるようになるのは、もちろん大事です。でも、だからといってここを『普通の現場』と思ってはいけない。チームのメンバーにはいつもそう言っています。あえて厳しい言葉を使って、常に危機意識を高く保つことが、この場所で働く管理者の責任だという思いがあるからです」

福山のチームが瓦礫運搬を行なう深夜、空気の澄んだ日には驚くほど多くの星が空には見えるという。その星空をふと見上げるとき、彼は静寂の中で「ああ、きれいだな」と思うことがある。

だが、その瞬間に胸に生じるのは、「この場所でそんなふうに『きれいだ』と思ってもいいのだろうか」という気持ちだ、と彼は語った。その逡巡はイチエフという現場で働くことへの彼の複雑な感情を、端的に表す言葉であるに違いなかった。

第五章

廃炉創造ロボコンの若者たち

ペデスタルって何？

前後にクローラーの付いた細長いロボットの胴体から、クレーンアームがゆっくりと下へ伸びていく。その先端が薄暗い底の部分に到着すると、転がっている小さなボールを取り込んだ。再びゆっくりとアームが戻され、元の胴体までボールが回収された瞬間、その様子をモニター越しに見ていた観客からどよめきがあがった——。

二〇一八年一二月一五日、福島県楢葉町の「遠隔技術開発センター」で開催された「廃炉創造ロボコン」のそんな一幕を、私は手に汗握りながら見つめていた。

全国の高等専門学校（高専）の学生を対象とした廃炉創造ロボコンは、この年で第三回目を迎える。今回は国内の十五チームにマレーシア工科大学が加わり、全十六チームがそれぞれに一から開発したロボットを披露したのだが、初めて現場で見る「ロボコン」の緊張感は想像以上のものであった。

高専生によるロボコンと言えば、ＮＨＫで放送される「高専ロボコン」が最も有名な大会だろう。ただ、二チームが一つの課題をユニークなアイデアを駆使して争うＮＨＫロボコンとは異なり、廃炉創造ロボコンは福島第一原子力発電所の実際の現場に即した課題に対して、各チームが個々に挑むという実践的な色合いの強い競技となっている。

とりわけ第三回大会では、メルトダウンした原子炉圧力容器の下の部分に堆積している燃料デブリの取り出しがテーマとなっていた。

参加チームに与えられた課題は次の通りである。
①　内径二十四センチメートル、長さ四メートルのパイプを通り、原子炉圧力容器を支える基礎部分（ペデスタルと呼ばれる）にロボットを進める。
②　ペデスタル上部の穴から何らかの方法を使って、三・二メートル下にあるデブリ（に見立てたテニスボールやピンポン玉）を回収する。
③　回収したデブリを収納し、再びパイプを通って元の場所に戻る。
原子力プラントの構造を知らなければ理解するのが難しいこの複雑な課題を、十分以内に成し遂げる必要がある。

過去二回の大会での課題は、高い放射線下を想定した階段を登るというものだった。

今回の課題は「デブリの取り出し」という次の段階に、イチエフの現場が移行しつつある状況を反映していた。だが、前回に比べて難易度が一気に上がるため、この年は学生たちを率いる高専の指導教員たちからも、「成功する学校はないのではないか」と懸念する声が囁かれていた。

会場となった楢葉遠隔技術開発センターの建屋内には、圧力容器の下部を模した実物大の模型（モックアップ）が作られていた。高専生たちの開発した遠隔操作ロボットは多種多様で、小型ロボットを吊り下げたり、傘の原理でボールを包もうとしたり、あるいはロボットから長いアームを伸ばしたりと、会場を訪れた観客が思わず身を乗り出すような創意工夫が多く見られた。

だが、午前中に始まった彼らの果敢な挑戦は、事前の予想通り次々と失敗に終わっていった。ロボットが思うように動かない、パイプの中で配線が絡まる、車輪が滑って進めなくなってしまう、ペデスタルまで移動したはいいが、小型ロボットの吊り下げが上手くいかない……。

ボールの近くまで子機を降ろせても、薄暗い場所でのカメラによる遠隔操作の難しさは格別らしい。モックアップの中段に用意された操作スペースにいる参加者の多くは、ロボットを的確に動かすことに四苦八苦していた。少しでも操作ミスをすれば、ロボットはペデスタルの内部に取り残されてしまう。慎重な操作でじりじりと動いては止まるロボットの様子からは、彼らの抱いている緊張感が確かに伝わってくるのだった。

それは思えば福島第一原発の実際の現場の難しさと重なるものでもあった。手元のノートPCの画面だけを頼りにロボットを動かす彼らの試行錯誤は、現実のデブリの取り出し作業の困難さをそのまま再現していた。制限時間の十分が過ぎると、大会ではスタッフがロボットを回収してくれる。だが、これが実際の超高線量の現場であれば、当然のことながら人間がペデスタルに立ち入ることはできない。となれば、ロボットはそのまま放置するより他はないのである。

そんななか、参加校の中で唯一、課題を最後までクリアして優勝したのが、冒頭で観客から大きなどよめきが起こった長岡高専チームだった。

「実感が湧くまでちょっと時間がかかるくらい嬉しかったですね」

後に話を聞くと、五年生のリーダー・小林勇人《はやと》はそう言って笑顔を見せた。

彼がその日の感動を印象深く語るのは、長岡高専チームにとって廃炉創造ロボコンでの優勝が、前年のＮＨＫロボコンでの雪辱を果たす意味があったからだ。

同校の「ロボティクス部」に所属する小林、柳翼、五十嵐勇人、奈良貴明、中田亘の五人は、これまで四年連続でＮＨＫロボコンに出場してきた。前年の二〇一七年もブーメランの動きを利用して風船を割るアイデアで全国大会に挑んだが、結果は一回戦で敗退。五年生は卒業制作や進学・就職の準備で忙しいため、本来はそれがこのメンバーで臨む最後のロボコンになるはずだった。

「でも、大会で実力を発揮できなかったことが、どうしても心残りで……。もっとこのメンバーでロボットを作りたいと思っていたんです」

そんなときロボティクス部の指導教員である床井《とこい》良徳《よしのり》から廃炉創造ロボコンの話を聞き、五人は「最後に一花咲かせたい」という思いで参加を決めたそうだ。

「ＣａｎＤＩ」と名付けられた彼らのロボットは、事前に行なわれたプレゼンの段階で、日立製作所やＩＲＩＤ（国際廃炉研究開発機構）などの審査員からも高い評価を得ていた。それは彼らが「水圧アクチュエーター」という機構を駆動部に用いる工夫をしていたからだ。

「最初はどうやってデブリを取るかをみんなで議論して、網を使ってみたり、面白いアームを考えたりしていたんです」

と、小林は振り返る。

「でも、廃炉の現場の勉強を進めるうちに、何よりまず重要なのは放射線対策だと考えるようになりました。高い放射線下でモーターや油圧を使ってしまうと、性能が低下してしまうことが分かったからです」

今回、長岡高専は初めての参加だった。よって、最初は課題を聞いたときも、「原子炉圧力容器ってどういうもの？」「そもそもペデスタルって何？」と全く現場の様子が想像できなかったという。

「課題として提示されたのは紙一枚だけで、そこに『ペデスタル』と書いてあったのですが、そう言われても全く分からなくて……。だから、これは自分たちで調べて、自分たちで課題を設定しないと何をすればいいかが分からないぞ、と」

そこで彼らはインターネットで廃炉現場やプラントの構造を調べ、ロボットに必要な機能を一つひとつ議論していった。審査員が関心を示したのも、「実際の現場での課題をどのように解決するか」に意識的な彼らの姿勢が、廃炉創造ロボコンの趣旨と合致していたからであった。

「デブリを回収するアームは紐で吊るすのではなく、巻き尺を使って省スペースになる工夫をしました。あと操縦については、ロボットを直接見られないので、カメラを四台積んでいます」

これは他の高専のチームも同様だが、ロボットの開発は大会直前まで続き、彼らは夜遅くまで校舎で操作の練習を行なってきた。

その様子を見守ってきた指導教員の床井は、会場での教え子たちの雄姿に興奮を隠せない様子だった。

「彼らは自分たちで課題を設定し、僕でも思いつかなかった水圧で駆動させる仕組みを考えたんです」

床井が三回目にして廃炉創造ロボコンへの参加を提案したのは、進学にせよ就職にせよ、これから社会に出ていく教え子たちに対して、指導教員として最後に何かを残したいという思いがあったからだった。

アイデア重視のNHK高専ロボコンへの出場はもちろん、ロボティクス部にとって毎年の重要なイベントだ。だが、一方で「もっと世の中の課題の解決につながるような体験をさせてあげたい」と常々思っていたという。

「廃炉創造ロボコンの体験から、自分たちの作っているロボットが実社会の課題と確かに結びついている、という実感を得て欲しかった。だからこそ、彼らが自分たちで練習時間も含めてスケジュールを組み、大会を乗り越えたことが何よりも嬉しかったんです」

その日、午前中から約七時間にわたった大会の閉会式で、十六のチームはそれぞれ自作のロボットを前に整列した。

巨大倉庫のような楢葉遠隔技術開発センターは、夕方になって気温が下がると体の芯が冷える。だが、自分たちのロボットを大切そうに抱えて運ぶ彼らは、一様に誇らしげな表情を浮かべていた。

Jヴィレッジの再開

そのように終わった大会の前日のことだ。

ロボコンの取材のために現地を訪れた私は、楢葉町と広野町にまたがる「Jヴィレッジ」に宿泊していた。

部屋のある七階の窓からは青々とした真新しいサッカーグラウンドが見え、さらに少し離れた丘の上に会場となる楢葉遠隔技術開発センターの四角い建物を望めた。国道を走る大型トラックのヘッドライトの灯りが、途切れることなく流れていく。夕闇に溶けていくそんな風景を眺めていると、震災から八年という歳月がふと胸に染みてくるような気がした。

もとはサッカーのナショナルトレーニングセンターだったJヴィレッジは、原発の増設に関連する事業として東京電力が建設し、一九九七年にオープンした施設だ。福島第一原子力発電所で深刻な事故があった当初、そこは事故の収束に当たろうとする人々の最前線基地になったことで知られる。

Jヴィレッジの場所は原発から約二十キロメートル。以後も福島第一原発に向かう人々が防護服に着替える中継基地として、さらには東電の福島復興本社や資源エネルギー庁の事務所などとして利用されてきた。かつて日本代表チームが練習した天然芝のグラウンドには砂利やコンクリートが敷かれ、長い間、そこには関係車両が所せましと並ぶ光景があった。

このJヴィレッジの再開に向けて除染が本格的に始まったのは二〇一五年八月。宿泊施設のあるセンター棟、グラウンド周辺の表土の剥ぎ取り、東電によるグラウンドの復旧が三年にわたって続けられた上で、ようやく一部再開にこぎつけたのが二〇一八年七月である。全面再開は翌年の四月で、二〇二〇年に東京オリンピックが開催されていれば、聖火リレーの出発地点になることも予定されていた。

宿泊棟から同じように望む楢葉遠隔技術開発センターもまた、廃炉作業に必要な遠隔操作機器の開発のために、震災から四年後に建設された研究開発拠点であった。

巨大な試験棟の中には水中ロボット開発用の水槽、廃炉の現場を模したモックアップ階段、ドローンやモーションキャプチャー用の分析エリア、VRシステムの試験施設があり、現在は原子力プラントの「圧力抑制室」の八分の一を再現した実物大の模型も備え付けられている。

廃炉現場の目と鼻の先にあるそのような場所で開催される、十代の若者たちによる自作ロボットの競技——では、この大会に出場する高専生はどのような学生たちなのだろうか。

私が彼らの話を聞いてみたいと考えたのは、原発事故時にはまだ小学生高学年だった彼らが、「廃炉」という仕事や現場について、どんなイメージを抱いているかを知る一つの機会になるかもしれない、と思ったからだった。

今回、そのなかでいくつかの学校の出場者に話を聞いて印象的だったのは、彼らが一様に「廃炉創造ロボコンへの参加が決まるまで、廃炉のことも被災地についても全く知らなかった」と異口同音に語ったことだった。

参加校のメンバーの一部は、九月の「サマースクール」で福島第一原発の視察を行なう。彼らはそこで初めて富岡町以北の帰還困難区域をバスで移動し、人のいなくなった町の風景に目を奪われた。

「家の前にシャッターのバリケードが置かれていて、震災のときのままのガソリンスタンドの様子などを見て、原発事故の恐ろしさを実感しました」

と、いくつかの高専の生徒は全く同じ感想を述べていた。

そして、今はまだ人の住めない町を通り過ぎた彼らが、次に言葉にならない衝撃を受けるのが、一転して多くの作業員で溢れかえる福島第一原発の様子だった。

前述の長岡高専・小林は次のように振り返る。

「復興のためにこんなに頑張っている人たちがたくさんいるんだ、と思いました。長岡にいると、現地の様子をテレビで見ても、ネガティブなイメージばかりです。でも、実際の現場では新しい遠隔操作のロボットが開発されていたり、構内を走るバスに自動運転のＥＶが使われていたりしていて、自分の中でずいぶんとイメージが変わりました」

二〇一六年に廃炉創造ロボコンの開催を企画し、大会のホスト的な役割を務める福島高専の機械システム工学科の教員・鈴木茂和に話を聞いた。

なぜ、地元で廃炉をテーマにしたロボコンをやろうと考えたのか。そう聞くと彼は「浜通りにおける唯一の工学系の高等教育機関である福島高専の教員として、何かをしていかなければならないという思いを強く持っていた」と語った。

「いわきにある福島高専は、原発から直線距離で四十五キロメートルの位置にあります。国立の教育機関でもあるわけですから、すぐ近くに国の大きな課題があるのに、それを無視してはならないと思っていました。積極的に何かを発信しなければ、福島高専の意味がないでしょ、という気持ちもありました」

震災後の彼が徐々に危機感を抱き始めたのは、「廃炉」や「震災」に対する学生たちの関心が、年を追うごとに薄まっていくのを実感していたことも理由の一つだった。

「震災のあった年は、浜通りや相双《そうそう》地区で被災した子の中には、やっぱり様々な思いがありました。避難生活で苦しんでいる子もいたし、自宅の近くの線量が上がって、汚染に対する怒りを持っている学生もけっこういたんです」

ところが、震災から三年が経ち、四年が過ぎた頃になると、その雰囲気が変わってきたという。

考えてみればそれもそのはずで、五年生などは震災の年にまだ小学生だった世代なのである。実感としての震災の記憶は大人たちの想像以上に薄らいでおり、それは今後もよりそうなっていくことが明らかだった。高専の教員として常に同じ年頃の学生と接している鈴木は、震災や事故の記憶が風化していく様子を見続ける中で、次のような思いを抱くようになっていった。
「被災地から離れた関東や関西、それこそ九州の学生たちが、震災のことを忘れてしまうのは当然でしょう。しかし、うちの学校に通う福島出身の学生たちについては、本当にそれでいいのだろうか、と。やはり彼らには福島の現状や廃炉について知ってもらいたい。現在の高専生は進学や就職をした後、海外に出ていくことも多いはずです。福島で育ち、原発のすぐ近くにある学校を卒業したのだから、そこで自分の故郷について正しく説明できることは大切だと思うのです。だから、彼らには原子力や廃炉作業、放射線についての知識を身に付けておいてもらいたかった」

そうした問題意識を背景にしながら、文科省の公募する「廃止措置研究・人材育成等強化プログラム」に応募し、二度目の申請で採択されたのが「廃炉創造ロボコン」の企画だった。

廃炉創造ロボコンは二〇一六年に第一回が開催され、回を重ねるごとに出場校を増やしてきた。今後もこの大会を高専生たちが廃炉作業の現場を知る上での、貴重な機会にしていきたいというのが鈴木の意図である。

ちなみに、廃炉作業をめぐる人材育成プログラムの一環といっても、鈴木は在校生に原子力業界で働くことを勧めているわけではない。ロボコンの参加者の多くは五年生であるため、そもそもすでに進路は決まっている場合がほとんどだ。

「高専の教員は研究だけではなく、部活の顧問や担任もやりますから、学生との距離が近い。だから、就職や進学に対して学生に与える影響が強いので、責任の大きさをいつも感じています。私の役割は、その彼らに社会の様々な現場を見せてあげることだと考えています。そのなかで彼らが何を感じ、考えるか。ネットや新聞報道だけではなく、実際に現場を目で見て自分で将来を決めて欲しいと思っているんです」

そんななか、廃炉創造ロボコンに参加することで、はっきりと「福島の復興に貢献したい」という思いを持つようになった福島高専の卒業生もいるという。

そこで、私は二十歳になったばかりの二人の若者に話を聞きに行くことにした。二〇一六年に廃炉創造ロボコンの第一回に参加した彼らはいま、卒業後にどのような場所へたどり着いたのだろうか。

中学一年での被災

その日、福島駅からＪＲ東北本線で二駅手前の金谷川駅に降りると、細かな雪がちらついていた。駅前から丘に上がる階段を上っていった先に、糸井雄祐の通う福島大学のキャンパスはあった。

第一回の廃炉創造ロボコンに出場した糸井は、福島高専の鈴木研究室でのリーダー的な存在だった。後に彼は福島大学の大学院に進学するが、このときは共生システム理工学類の三年生で、「人間支援システム」を専攻していた。研究テーマは「デブリ」の採取のための機構や水中ロボットなど、災害支援へのロボットの活用だ。

大柄の体格に髭と黒縁の眼鏡。学食で話を聞いた彼は、一つひとつの質問に対して必ず一呼吸置き、常に静かな口調で話す若者だった。だが、そんな冷静沈着な雰囲気とは裏腹に、ロボットについて語る際は自ずと熱い思いが言葉の端々ににじみ出た。

「小学生の頃からものを作るのが好きだったんです。ブロックを組み立てたり、プラモデルを作ったり。小学生の頃はミニ四駆が大好きで、月に一度のお小遣いの代わりに欲しいパーツを一つ一つ買ってもらっていたくらいでしたから」

一九九七年生まれの彼が震災を経験したのは中学校一年生の時である。通っていた四倉中学校は津波による浸水を受けたが、幸いにもその日は卒業式で全校生徒がいつもより早めに帰宅していた。友達と遊んでいる時に大きな揺れがあり、慌ててテレビを点けたことをよく覚えている。

彼はしばらくしてから、父親と一緒に中学校の様子を見に行ったと言う。ぬかるんだ校庭には瓦礫が散乱し、浄化水槽のふちの部分の土が洗われてなくなっていた。プールには流されてきた車が浮かんでおり、校内の壁に水の跡がはっきりと残っていた。

「全てが一瞬で壊されてしまっていて……。下校の時間だったらどうなっていたんだろう、と思いました」

だが、一方でまだ十三歳になったばかりだった彼は、自分がそのように被災したという事実を、どのように受け止めればいいのかは分からなかった。「震災ってすごいし、怖いな」「これからどうなっていくんだろう」とただただ思うばかりで、それ以上の思いは言葉にならなかったのだ。

それは翌日に一号機の水素爆発をテレビで見たときも同じだった。

福島第一原発は彼の暮らすいわき市四倉町から約四十キロメートル、車で行けば一時間で着く距離だ。

水素爆発の起きた日は父親に「危ないから家にいなさい」と言われ、理由もほとんど分からないまま従った。その両親にしても、放射性物質がどのようなものかを詳しくは説明できなかった。糸井は言われるがままに横浜の親戚の家に避難し、一か月後の新学期に合わせていわき市に戻った。それが、震災直後からの彼の体験であった。

四月中旬に一学期が始まってみると、日々の生活は一変した。中学校の校舎が使えなくなったため、中学一、二年生は近所の小学校、三年生は高校の校舎を間借りすることになった。以来、双方の家庭科室や理科実験室、図書館など空いている部屋を渡り歩いた。引っ越した同級生や避難したまま戻らなかった先輩もいる。給食はメニューが「コッペパンと牛乳とジャムだけ」といった状態が続き、しばらくして他県から輸送される「スクールランチ」と呼ばれるものに変わった。だから、彼にはいまも「中学ではちゃんとした環境で勉強できなかった」という思いがある。

「でも、親からは『どんな環境でも勉強はできるからな』と言われていましたし、実際に僕もそう考えるのが普通になっていきました。結局、どんな体験でもプラスに変えていかないといけないんだ、って。それからはこうした体験をどう自分に活かすかを、ずっと考えながら生きてきた気がします」

もともとロボットに強い関心を持っていた糸井は、卒業後に福島高専に進学した。その後、鈴木の研究室に入って災害用ロボットの研究をするようになるのも、震災後に生じたそんな姿勢が背景にあったからだと言える。

彼が「廃炉の現場で使えるようなロボットを作ってみたい」と初めて思ったのは、あるとき何となく見ていたテレビのニュースで、「Quince（クインス）」という名前のロボットを知ったからだった。

クインスは福島第一原発の建屋内に、初めて投入された国産の災害用ロボットである。千葉工業大学、東北大学、国際レスキューシステム研究機構が震災前から開発していたもので、地下街や地下鉄の構内、火山の噴火などの災害現場やテロを想定し、クローラーで階段や岩場などを移動できる。

このロボットが廃炉現場に投入されたのは震災の年の六月。二号機の原子炉建屋内部の撮影や放射線量を計測する活躍を見せた。その様子をテレビで知ったとき、糸井は心に何かがひらめくような感動を覚えた。

「人間が入れない場所に入っていくロボットを見て、自分もこういうものを作ってみたい、と思ったんです。しかもそれを作っているのは大学生で、自分と十歳も離れていない人たちなんだ、という憧れもありました。高専を卒業して大学に行くまでの時間が短く感じられました」

鈴木が「廃炉創造ロボコン」への参加を呼びかけたとき、四年生だった糸井は真っ先に参加を決めた。廃炉現場を想定した階段を登るという課題を聞き、すぐに思い描いたのはもちろんこのクインスであった。それは彼にとって憧れだったクローラー型のロボットを、自分の力で作って周囲に披露するチャンスでもあった。

「ただ、結果は階段を一段も登れなかったんです」

と、彼は今では少し苦笑して言う。

「ロボットには『ハイロン』という名前を付けたのですが、フリッパーとサブクローラーを前面にしか付けなかったので、重心の関係で後ろが滑っちゃったんです。全体的にクローラーの長さも短過ぎたので、滑って突起物を登れなかった。周囲も暗いのでライトを付けなければならないし、耐放射線の材料も使わないといけない。廃炉創造ロボコンに参加して痛感したのは、災害用ロボットを作る難しさでしたね」

だが、研究室の仲間とロボットを作った日々は、彼の胸に忘れられないものとして残ったようだ。テスト期間中でもあったため、夜中の一一時頃まで学校で開発を進めた後、帰宅後も明け方まで勉強をした。それでも疲れを全く感じないほどに熱中していた。

「寝不足でも『やらなきゃ』と朝になると飛び起きちゃうんです。そこまで一つのことをずっと考え続けた時間は人生で初めてでした」

この第一回廃炉創造ロボコンでの経験以後、糸井は明確に将来の目標を見定めるようになった。翌年、彼は「ハイロン」の課題を同級生や後輩のメンバーに託し、今度は除染用ロボットの設計・製作に没頭した。そして、卒業後は福島大学に進学してロボット工学を学ぶことに決めたのである。

「廃炉創造ロボコンに参加する前にイチエフの視察をしたとき、四倉からすぐに行けるような場所なのに、自分は何も知らなかったんだ、って思いました。それは原子力事故がどれだけ恐ろしいかを、あらためて考えさせられる体験でした」

と、彼は言った。

「もしまた震災が起きたときに、確実に動ける多種多様なロボットを作っておきたい。ロボットを作る仕事であれば、自分のやりたいことで社会に貢献している実感が得られると思うんです。震災の時、僕はまだ何も考えていないガキでした。でも、いまは二十歳を過ぎて、自分のやりたいことも見つかった。だから、いわきや福島に何かがあったら、今度は自分も何かをしたいと思っているんです――」

震災を知らない世代

さて、この糸井とともに廃炉創造ロボコンに出場した同級生に、現在すでに廃炉の現場で働いている人物がいる。二〇一七年四月に東京電力に就職し、同年一一月から「水処理運転管理部　水処理計画グループ」に配属された佐々木和仁である。

彼とは二〇一八年の年の瀬に富岡町の「東京電力廃炉資料館」で会った。廃炉資料館はもともと福島第二原発のPR施設で、二〇一八年一一月に福島第一原発の現状を伝える目的で東電が設けたものだ。事故当初からの経過や現在の原子炉内部の状況など、CGや様々な関係者のインタビューが展示された資料館の二階の会議室を訪れると、東京電力の青い作業着を着た彼が少し緊張した面持ちで待っていた。

佐々木はおっとりとした雰囲気の穏やかな若者で、静かな口調ながらロボットへの揺るぎない熱意とマニアックさを感じさせる糸井とは見るからに違うタイプだった。だが、佐々木はロボット工学の知識が豊富な糸井を尊敬しており、廃炉創造ロボコンに参加したのも「糸井さんがチームにいるなら、自分にもできるかもしれないと思ったんです」と言う。東電に入社したのはロボコンへの参加が直接の理由ではなく、「もともと廃炉の現場に興味があったんです」とも続けた。

だが、浜通りに生まれ育った彼にとって、東電は故郷を様々な意味で破壊した企業ではないのだろうか？　敢えてそう聞いてみたとき、佐々木は少し考えてからこう話した。

「地元にある原発が事故を起こしたのに、廃炉のことを全く知らずにいるのはどうなんだろう、という思いがずっとあったんです。例えば、震災後にいろんな人が被災地に来てくれました。でも、熊本での地震や西日本の豪雨などのニュースに接していると、いつもこう感じてしまうんです。別の被災地のために何かをしたくなっても、僕らは廃炉が終わらないと支援にも行けないよな、って。だから、福島の問題は結局は僕ら福島の人間が解決しないといけない。そんな気持ちをいつもどこかで持っていました」

それに――と彼は語った。

「東京電力という会社に対しては、単に『事故を起こした会社』という以上の感情を僕は持っていませんでした。それは僕自身が震災でそれほどの被害を受けていないからかもしれません」

こう語る佐々木の震災体験は糸井ととても似通ったものだ。三年生の卒業式で昼には家に戻り、自宅にいたときに大きな揺れがあった。仕事に行っている両親が帰宅するまで部屋で過ごし、テレビで被災の様子をただただ茫然と見つめていた。

原発事故での避難はしなかった。実家が自営業の小さな商店をやっていたため、「お客さんが食料を買いに来るし、店を閉めるわけにはいかなかった」という。

だから、彼が震災の影響を自分の問題として身近に感じたのは、糸井と同様に新学期が遅れて始まったときのことだ。学校に富岡町や双葉町からの転校生がやってきたからである。

「実は当時も高専に入ってからも、同級生と震災について話すことはほとんどなかったんです。学校には被災した人もいれば、していない人もいる。相手がどういう思いを抱えているか分からないし、それならゲームや昨日見たテレビの話をしている方がいい、という感じでしたから」と佐々木は振り返る。

「でも、避難して転校してきた彼らとは、何となく話の流れで事故の時の話をすることがあったんですね。何も持たずに避難したことや、普通に生活をしていたのにいきなり家を失って、知らない場所に連れていかれた、とか。でも、大人になった今はそれがどれくらい大変なことだったかが分かるけれど、当時はまだ実感が湧かなかったのが正直なところです」

自身の体験を語る際の佐々木は常にこうした調子で、将来についても「自分にはずっとやりたいことも熱中できることもなかったんです」と話した。福島高専に進学したのも親に勧められたからで、「高専は就職先も多いみたいだし、あまり将来のことは深く考えずに生きていましたね」と言う。

そうしたなか、彼が福島高専での授業で聞いて興味を持ったのが、福島第一原発での廃炉作業の現場だった。彼には進学を希望する大学があったが不合格に終わる。その後、就職の道を進む際に思い浮かんだのが、廃炉の現場で働く自分の姿だった。

「自分にはずっとやりたいことも好きなこともなかった。それなら少しでも人の役に立てるようなことができたらいいよな、とそのとき思ったんです。なので、『地元にこんなに大きな問題があるのだから、少しでも力になりたい』という話を面接でもしました」

二〇一七年四月の入社以来、佐々木は大熊町にある東電の単身寮に入り、新人の一人として廃炉の現場で働いてきた。

彼の部署の出社時間は八時半、毎朝六時半に食堂で朝食をとり、八時ちょうどのバスに乗って原発構内の入口に建つ新事務本館へと向かう。ラジオ体操をしてから所属グループのミーティングに参加し、一日の仕事が始まる。

事故後に東電へ入社した現場の社員が決まって直面するのは、福島第一原発という職場の全体像を把握することの難しさだ。四月から半年ほどの研修を受けた彼らは、テキストや福島第二原発などで実際の原子力プラントの構造を学ぶ。しかし、事故の起きた一~四号機の建屋ではその知識が役に立たないため、実際の現場で先輩社員に付いて回って経験を積むしかない。

「僕のいる部署は事務的な仕事が多いのですが、現場に出ないと機械の名前や場所がいつまで経ってもイメージできないので、機会があれば積極的に『連れて行ってください』と言うようにしています」

建屋の内部や周囲に行くと、今にも崩壊しそうな場所や傾斜のきつい階段、パイプが折れ曲がったりへこんでいたりする箇所も多い。彼は廃炉創造ロボコンで自分たちのロボットが階段を登れなかったことを思い出し、この現場でのロボット活用の重要さや開発の難しさも意識していった。

そうした日々をこの一年にわたって送ってきた彼は、次のような問題意識を次第に抱くようになったと語った。

「会社に入って知ったのは、ここでも事故についての個人的な思いを聞いたり話したりする機会が決して多くないことでした。当時、この現場にいた人たちと自分たちは全く違う意見を持っているでしょうし、同世代の人や福島出身ではない人が、どういう思いでこの現場で働いているのかも気になるようになりました」

二〇一七年八月、佐々木は楢葉町で開かれた廃炉国際フォーラムに行った際、地元の公立高校ふたば未来学園高校の生徒が、次のように話すのを聞いて衝撃を受けたと言う。

「その彼がこんな問題提起をしていたんです。もうすぐ震災を知らない世代が社会人になる時代になっていく。事故を知らない世代が廃炉作業をすることを、どう考えればいいのか、と。自分より三つも年下の高校生がそんなことを考えているんだ、って思いました。これから震災を知らない世代が現場に入ってこの仕事をしていくと、見方や考え方や思い入れも全く変わっていくはずですよね。今もすでに当時の経験者と僕らの間には温度差を感じます。その中で、事故の記憶をどう引き継いでいけばいいのかが、今後の大きな課題になっていくと思うんです。それに対して自分に何ができるのかは、まだ想像できないのですが……」

入社から一年が経ち、彼は「自分が当時の震災をかろうじて知っている最後の世代になっていくんだ」という気持ちを、廃炉の現場で働くことで抱くようになった。

では、これから廃炉の現場で働き続けていくとき、自分よりも下の世代に「廃炉を一緒に進めていこう」とどんな顔をして言えばいいのか――。最近、ふとそう考えて、「難しいなあ」と思うことがあるという。

いまはまだその問いに対する答えを彼は持っていない。だが、それはいわきに生まれ育った若者が、震災から八年後にたどり着いた一つの出発点でもあった。

第六章
東芝の二人

重要調査を担う

二〇一八年の廃炉創造ロボコンが終わり、年が明けた二〇一九年二月一三日のことだ。福島第一原子力発電所の二号機建屋で、原子炉格納容器（ＰＣＶ）内部についてのある重要な調査が行なわれた。

「廃炉」作業がイチエフで始まってから八年、その調査は三十年とも四十年とも言われる今後の工程にとって、極めて大きな意味を持っていた。水素爆発とメルトダウンを起こした二号機の格納容器の内部に調査用装置を送り込み、いずれ取り出さなければならない「デブリ」とみられる堆積物に実際に「触る」というものだったからだ。

海沿いに並ぶ一～四号機の中で、二号機はメルトダウンを起こしたものの、外見上は唯一、建屋の形が保たれたプラントだ。

廃炉の工程では各建屋について、各々の状況に応じた内部調査が行なわれてきた。調査用装置の開発はＩＲＩＤの枠組みの中で一号機を日立製作所、二号機と三号機を東芝が担当してきたが、そのなかで最も調査が進んでいるのが二号機である。

一号機は格納容器内の堆積物が水中にあり、潜水機能の付いた調査用装置の開発が必要だ。

三号機も同様に底部の水位が約六メートルあり、調査の前に水位を低下させる処置を講じなければならない。

一方で二号機では二〇一九年初頭の段階で、前述のように堆積物に「触る」ところまで調査が進んだ。同建屋では格納容器に新たな穴を開けなくても作業できるため、二〇一九年一二月に改定されたロードマップでも、一度は二〇二一年からの「デブリ回収」の目標が掲げられた。後にこの目標は新型コロナウイルスの流行の影響で変更されたが、二〇一九年二月一三日の東芝によるPCV内部調査は、その決定にとって重要な意味を持っていた。

そして、この調査のプロジェクトの全体を統括したのが、東芝の中原貴之という一人のエンジニアである。

その日、東芝の調査チーム全体を統括する彼は、早朝からイチエフの新事務本館内にある「リモート室」に向かった。

このとき中原は三十七歳。二〇〇八年に東芝へ転職してきたエンジニアだったが、こと建屋の内部調査に限れば、二〇一二年の初回調査からそれを担当してきた〝若きエキスパート〟といえる人材だった。

大学時代に剣道部だった中原は体格と姿勢が良く、目の前に座っているだけで前向きな雰囲気を発している人物だ。与えられた困難な仕事にぶつかっていく粘り強さと明るさに定評がある。

彼がリモート室に着いたときには、すでに遠隔装置を操作するオペレーターたちが準備を始めていた。部屋にはいくつもの液晶モニターが並べられ、東京電力の担当者も入室すると、人でいっぱいになった操作室は息苦しさが増すようだった。

調査の開始は午前七時。

「X－6ペネ」と呼ばれる格納容器に通じる貫通孔（ペネトレーション）から、テレスコピック型の調査装置を挿入し始める。X－6ペネには制御棒駆動機構（CRD）の交換に使用するレールが備え付けられており、その構造を利用して内視鏡のように足場の網目から装置を送り込むという手法だ。

装置にはカメラと把持機構が取り付けられている。ペデスタルからはそれをPCV底部へと文字通り吊り下げて送り込むことになる。

プロジェクトチームを統括する立場の中原の仕事は、調査用装置の開発を調査予定日までに終え、様々な人員や開発資源の納期などを調整することだった。よって、いざ現場で調査が始まってしまえば、後は推移を見守るしかない。彼は緊張しながら、祈るような気持ちで映し出される映像を見ていた。

「X－6ペネから装置を入れたのは、この時点で六回目でした。よって手順はかなり確立されていたのですが、それでも毎回、同じような気持ちになります。それに二〇一九年一月の調査は、格納容器の中にあるものを積極的に触りに行く、というこれまでにない挑戦だったので尚更でした」

これまで経験してきた二号機の調査で最も緊張感が高まるのは、PCVの貫通孔の外にある隔離弁を開ける瞬間だ。決められた手順通りに行なえば装置が内部に入っていくことは分かっていても、それが何かに引っかかるなど一つでも致命的なトラブルがあれば、貴重な侵入ルートを塞いでしまう可能性があるからである。人がたどり着けない高線量下の環境では、わずかなミスが取り返しのつかない結果になることを、彼らは十分に理解していた。

しばらくして装置が無事にペデスタル内部に侵入すると、操作室には一瞬だけほっとした空気が流れた。だが、ここで安心するのはまだ早かった。ホワイトボードに進行状況が記された後、次はペデスタルから調査装置を吊り降ろし、堆積物の上に着座させる作業が始まる。「廃炉創造ロボコン」では十分の制限時間内に格納容器の底からボールを取り出す課題が出されていたが、実際の現場では一つひとつの操作を着実に行なうため、吊り下げの開始から着座までには二時間ほどを要した。

ペデスタルから吊り下げられた調査装置が容器の底にたどり着き、周囲の様子をカメラで映し出しながら動き始める。

すでに何度も目にしているとはいえ、PCV内部の様子は常に中原たちの胸にエンジニアとしての興味と作業の緊張とが混ざり合った、複雑な感情を呼び起こさせる。

モニターには錆のような茶色い壁面が映し出されており、水が常に滴っている。それは炉心に注水が続けられているためで、水滴がレンズに絶えず付着しては流れていく。

事前の試験では鶴見の工場内にあるモックアップ施設で、実際に〝雨〟を降らせながらカメラに付着した水滴を落とす手順も検討してきた。その機能にも今のところ問題はない。カメラがライトに照らされた範囲だけを映し出す様子は、胃カメラや内視鏡の手術の映像を彷彿とさせた。

調査装置の把持機構はトング型をしており、それは中原が開発グループと繰り返し議論を重ねた結果だった。力を加えたときに最も引っ掛かりがあり、デブリと思しき小石状の堆積物を持ち上げやすい形状だと判断されたからだ。

事態が動き始めたのは、モニターに映し出されたそのトングが、目の前に落ちている茶色い小石のような堆積物に触れたときだった。トングに挟まれた堆積物は何の抵抗もなく持ち上がり、放すとポトリと落ちた。すると、固唾を飲んでモニターを注視していた操作室の関係者たちからどよめきが起こった。

ロボットのオペレーターが何度か同じ動きを繰り返す。

「おお。動く、動く」

彼らがそう声をあげたのは、これまでの調査の映像や画像に映し出されていた堆積物が、実際に触ってみるまでどのような状態にあるかが分からなかったからだ。

それが溶け落ちた核燃料の一部であるとすれば、容器の底で冷えた物質は固着し、削り取らなければ動かないかもしれない。だが、モニターに映し出されたトングは、小石のような物体をつまみあげることに間違いなく成功しており、そのことは彼らに「最初のデブリの取り出し」が実現可能であることをイメージさせた。

「だから、その光景をリモート室で見たときは、ここまでできるようになったのか、という深い感慨を覚えたものでした」

約八時間に及んだこの調査では、最終的に四か所でデブリと思しき小石状の塊、さらには岩状のものを一つ、構造物の一部と思われるもの一つに接触した。一か所では粘土状に見える堆積物が持ち上げられなかったが、五か所の地点で直径一〜八センチメートルの物体をつかむことに成功した。

それから数か月後、川崎駅のすぐ近くにある東芝エネルギーシステムズのオフィスで、私は中原から話を聞いた。彼は当時の気持ちを振り返ると少しだけ誇らしそうに笑ったが、すぐに表情を引き締めて私から次の問いを待った。

「なんて不気味な場所なんだろう」

中原が前述のような「感慨」をこのとき胸に抱いたのは、彼にとってPCV内部調査という廃炉作業にとって重要な仕事が、最初期の段階から担当してきた大きなプロジェクトだったからだ。

彼がPCVの調査の担当者に任命されたのは、事故から半年後の二〇一一年九月のことだった。震災の年の九月といえば、廃炉作業の工程が示唆された最初の「中長期ロードマップ」（福島第一原子力発電所の廃止措置等に向けた中長期ロードマップ）が公表される三か月前である。

当時、転職後三年目の三十歳間近の社員だった中原は、イチエフの現地対応スタッフの一人として福島第一原発構内の事務所にいた。部署自体があるのは浜松町（当時）の東芝本社だったが、平日のほとんどは現場にいる、という働き方をしていた。というのも、震災前に担当していたのは定期検査中だった五号機と六号機で、原子炉の安定状態の監視が主な業務だったからだ。

二〇一一年三月一一日、地震があった際は事務所の三階で、六号機の定期検査についての資料を作成していた。大きな揺れが収まった後に建物を出たが、事務所は高台にあったもののプラントは見えない。津波が原発を襲ったことも知らないまま、二時間後には富岡町の寮にタクシーで戻った。それから寮に置かれていたマイクロバスで他の出張者といわき市に行き、空いていたホテルで待機した。

翌日、ひとまずベッドで横になっていると、別室でテレビを見ていた同僚が慌てたように部屋へ入ってきた。

「なんか、一号機がなくなっているんだけど……」

中原はこの言葉を聞き、最初は「そんなわけないじゃないですか」と言ってテレビを点けた。すると、一号機建屋の上部が吹き飛ぶ映像が流れて絶句した。

それを見た瞬間ですね、腹を括ったのは——と彼は続ける。

「帰ったらもう寝れないだろうな、って。でも、自分がこういう仕事をやろうと決めて転職した会社ですから、何をやるにしてもそれは自分の仕事だ、という思いはその瞬間から持っていました」

地震から一か月が経とうとしていた頃、彼は五、六号機の定期検査の担当を離れ、福島第一原発の敷地内で冷却水を注入するためのラインを構築したり、建屋の下に溜まった汚染水を輸送するためのホースを引いたりする作業を、現場の作業員とともに行なった。上司に呼ばれたのは、そうした緊急的な作業を夏の間に続けた直後だった。

その日、彼は「今度、二号機のPCVの中を見ることになった。君が担当になったから、よろしく頼んだぞ」と唐突に告げられた。

中原は「わかりました」とすぐに答えたものの、内心では「え、それマジで言っているんですか?」と上司に問い直したい気持ちだった。指示を受けたのはいいが、そこには現実感というものが全く感じられなかった。

二〇一一年九月の時点では、原子炉建屋に入った経験のある東芝の社員もわずかな数に過ぎなかった。中原は建屋に近づいたことすらなく、上司の指示はどこか自分のことのように思えなかった。

一方で冷静になって状況を整理すると、イチエフでの作業は彼にとって「こうすれば可能だろう」とイメージすることはそれほど難しくはないように思えた。例えば、二号機の内部をどのようにカメラで撮影するか。そのために必要な手順は、カメラ付きの何らかの装置を挿入するための穴をPCVに開け、その接続部にバルブを取り付けて内部の放射性物質が外に漏れないようにすればよい。それは原子力プラントにかかわるエンジニアであればすぐに分かるはずだ、と思った。

だが、方法は分かっていても、その作業をどのように行なうかとなると話は全く別だった。イチエフの作業ではこれまでも繰り返し述べてきたように、作業者の被曝をいかに防ぐかを考えなければならない。では、作業員が線量計の数値を見ながら代わる代わる近づき、「ペネ」と呼ばれる貫通孔を開けるのか。それとも無人の装置を使うのか……。

そして、実際の内部調査では長尺のパイプを離れた場所から挿し入れるか、あるいは遠隔操作ロボットを開発する必要があるが、そのために必要な要件も一つずつ検討しなければならない。これらは原子炉建屋の内部の状況が分からない現状では、全くの未知なる仕事となるだろう。

「本当に俺がそれをやるのか……」

彼は指示を受けてから、そんな気持ちを抱きながらしばし茫然とした。

ＰＣＶ内部調査の担当になってすぐ、中原は直属の上司と放射線管理官の三人で、まずは二号機建屋の中に入った。貫通孔を開ける第一候補は、使用済燃料プールの真下にある燃料の搬出入口のあるフロアだ。

除染の進んだ現在の放射線は二ミリSv／hから三ミリSv／hだが、当時は一〇ミリSv／hほどという環境だった。調査のための現地視察といっても、滞在可能な時間は数分に過ぎなかった。

放射線防護服と全面マスクを着用して、二号機の建屋に足を踏み入れたときの緊張感は忘れられない。明かりは計器を監視するための淡い照明だけで、周囲はほとんど真っ暗であまりに静かだった。頭に取り付けたライトと手に持った懐中電灯を頼りに進むと、三人の足音が大きく響く。胸の鼓動が大きくなった。

「なんて不気味な場所なんだろう」

と、彼は思った。

貫通孔を開ける工事のための寸法を測るつもりでいたが、最初の視察では雰囲気をつかむだけで精一杯で何もできなかった。本当にこんなところで作業をするのか――。そんな思いを飲み込んでどうにか周囲を見ると、幸いにもフロアの崩壊などは確認されず、作業に必要なスペースは確保できそうではあった。

そうした視察や調査を何度か行なった後、東芝は格納容器に貫通孔を開けるチーム（これはＩＨＩが担当した）と、細いパイプを貫通孔に挿入して内部を調査するチームを組織し、中原は双方のリーダーとして要件の検討を進めることになった。

彼が今でも嚙みしめるように語るのは、二〇一二年一月に予定された震災後初めての内部調査に向けて、ＩＨＩの溶接作業員とともに貫通孔を開ける作業をしたときのことだ。

彼らがターゲットにしたのは、格納容器と繫がる貫通孔の蓋の部分である。その鉄板の厚みは三十ミリほどで、作業は装置のスイッチを押せば人がいなくても進むように設定した。線量が高いため数分ごとに時間を区切り、溶接士が交代で作業をこなした（彼らが原子炉建屋の一階から開けた貫通孔は「Ｘ－53ペネ」と呼ばれ、後の調査で重要な役割を果たすことになる）。

「彼らからは悲壮感は全くなくて、自分の仕事の社会的な意義を信じている様子が伝わってきました。最後に穴あけ作業が終わったとき、自然と拍手が上がった瞬間は胸が熱くなりました」

また、穴あけ作業と同時に進めていたのが、調査チームによる次の作業の予行練習だ。東芝の京浜事業所の工場の一角に現場と同じ模型を作り、現場監督の読み上げる手順書の指令通りに、オペレーターが一つひとつの作業を確実にこなしていく。作業者たちは練習中も放射線防護服と全面マスクを身に着け、全てを本番の調査と同じ条件で行なった。

工場での練習は「目をつぶっていても成功するくらいに繰り返しました」と中原は語るが、それでも二〇一二年一月一九日に調査の本番を迎えたときは、二号機原子炉建屋のそばに設置した現場本部に入ると緊張で胸が息苦しくなるほどだった。

調査ではX‐53ペネに工業用内視鏡と温度計を挿入し、内部の映像と温度のデータを取得することが目的だった。

「準備できました」「バルブを開けてください」といった指示がスピーカーで流されるのを聞きながら、中原はモニターを食い入るように見守ったものだった。

何より怖かったのは、挿し入れていく工業用内視鏡の配線が途中で何かに引っかかって抜けなくなることだった。

パイプの中をそろり、そろりとカメラが進んでいく。高い放射線の影響だろうか、映像にはちらちらとノイズが入る。視界が開けたのは、調査開始から二時間前後が経過したときだった。錆色の濡れた壁面のようなものが映り、その後、同じ色をした配管などが画面に映し出されると、現場本部内のスタッフから「おお」という声が生じた。

「カメラの映像の視界がぱっと開けたときは、ただただ『あ、見えた』と思いました。水が滴っていて、構造物の色が黄色っぽくて、全体が汚くて――。塗装も剝げているし、事故から一年足らずでこんなになっちゃうんだ、というのが第一印象でした。ただ、黄色っぽいといっても窒素で不活性にしているので腐食はしていないはずですし、内部の構造物がもとの形で残っている様子が確認できたのは収穫でした。調査は三時間くらいで終えましたが、気を張っていたのでみんな疲れ切っていましたよ」

それまで上司から指示された目の前の仕事に取り組んできた彼が、自身の成し遂げた仕事の社会的な影響力の大きさを知ったのは、調査の翌日のことだった。原発事故から十か月が経ち、初めてPCV内部の様子が撮影されたというニュースは全国紙の一面で伝えられた。

中原はそうした新聞報道を読んだときの気持ちを、今では次のように振り返る。

「全国紙の一面に我々の撮った映像が載っているのを見て、何とも言えない思いでした。何しろ当時の自分は三十歳でしたし、その年齢で自分の仕事が新聞の一面を飾るサラリーマンって少ないでしょうから、そのことをどう受け止めていいのか分からなかったんです」

だが、しばらくしてじわじわ彼の裡で自信となっていったのは、「格納容器の中にアクセスする」という最初は不可能にさえ思えた作業が、実はやり方次第で可能なのだという認識が関係者の間に広まったからだ。

実際、二号機における二〇一二年一月の調査の後、同時に進められていた三号機（同じく東芝が担当）、日立製作所が担当した一号機でも調査が行なわれている。そして、三号機では通称「ミニマンボウ」という水中ロボット、一号機では「Tモルフ」と呼ばれるクローラー型ロボットの開発が続けられていく。彼の携わった二号機での仕事は、そうした調査の先陣を切るものだった。

「あの時の調査によって、一つの活路を見出したと思っています。それまでは『格納容器の中を見るなんて本当に可能なのか』と思っていたし、そこに穴を開ける影響も分からなかった。だから、慎重に約二センチメートルの穴を開けて、工業用の内視鏡を入れたわけです。徐々にもっと大きくて、もっと線量の高い場所へ本格的に穴を開ける技術の蓄積もそこから始まった。装置を入れるときの手順やモノの作り方、アームの関節の曲げ方、どうすれば操作を楽にできるか、といったノウハウの蓄積が始まったんです」

「サソリ」調査は成功だった

二号機での工業用内視鏡による調査を再び実施した後、次に中原が大きな調査を統括したのは、それから五年後の二〇一七年二月一六日である。

それまでの調査を受けて二〇一三年から四年近くかけて開発した自走型ロボット（通称「サソリ」）を「X‐6ペネ」という新たな穴から入れ、格納容器の内部からより多くの情報を取得しようとした調査である。

だが、この調査で中原は一つの挫折を味わう。一回目の工業用内視鏡を用いた調査が「成功」と報じられたのに対し、サソリでの調査はマスメディアから「失敗」のニュアンスで書かれることが多い結果となったからだ。

サソリでの調査では新たに開けた貫通孔から自走型ロボットを挿入し、そこからCRDの交換用レールにアクセスしてペデスタル内部へと到達するプランが立てられた。だが、実際に装置を貫通孔から向かわせてみると、レール上には爆発による堆積物が多くあり、ロボットのクローラーがその一部をかみこんでしまったのである。ロボットは調査の開始地点から二メートルほど進んだ後、片側のクローラーが動かなくなった。そこからはレール上を進めなくなり、当初の目標だったペデスタル内部の様子の撮影は果たせなかった。計測された放射線量は約七〇Gy《グレイ》／h。レール上の状況などを撮影して調査を終えると、操作ケーブルが切断された。「サソリ」はそのまま放棄され、今も同じ場所にある。

この結果は報道で「目的を達しなかった」というニュアンスを以て伝えられた。当初の最終的な目的だった「デブリ」の確認ができなかったからだ。例えば、日経新聞は〈ロボ調査、目的達せず　福島原発2号機　廃炉の工程見直し必至〉と見出しを付けている。

ただ、中原たちの側からの見方としては、必ずしも調査は「失敗」であったわけではない。むしろ、「調査そのものは成功だった」という認識が彼らにはあった。

というのも、確かに「サソリ」はレールの途中で止まってしまったが、全く内部の状態が分からなかった当時、ＰＣＶ内の調査の目的はトライ＆エラーを繰り返しながら、常に「見えるところまで見て、新しい情報を次の作業へとつなげていくこと」が求められてきた。実際にサソリのレール内での放棄は、事前に用意していた複数のプランの一つとして想定されていた。調査ではサソリ投入時に使用した長尺のパイプにカメラを付けた調査装置でＰＣＶ内の撮影をしており、また、レール内にかなり多くの堆積物が詰まっているという情報自体が新しいもので、次の調査手法を決める上での重要な知見となったのである。

同じ時期、東芝では初回の調査と同じように長尺のパイプを活用し、その先端にカメラを搭載する方式の装置もさらに開発を進めていた。「サソリ」というクローラー型ロボットが「使えない」ことが判明した後、彼らは前者の方式に全ての開発資源を振り向ける決定を下した。

「ペデスタル底部の調査にはクローラーが使えない。それを踏まえた上で『釣り竿式』の装置の改良を進めたことが、後の〝デブリ〟の接触調査へとつながっていったわけです」

先の全く見えないＰＣＶ内の調査では、このように最初に複数の手法が検討された。だが、調査が進むにつれて「条件」が絞られれば、より合理的な手段の検討が可能になっていく――と彼らは考えていた。ときには「捨てるための調査」が必要であるのも、この現場が未知である故の難しさであった。

だが、ときにこうした現場のエンジニアの調査に対する認識と、世間の「廃炉という仕事」に対する認識との間にはズレが生じる。

例えば、後にガイドパイプを挿し入れる調査で、真冬の気温の低さによって配管のOリング（継ぎ目に用いられるゴム部品）が硬くなり、うまくパイプを通せないというトラブルが発生した。翌日、彼らはOリングを温めて対応したのだが、一日の調査の遅れが新聞では大きく報道された。

「Oリングの件は、こちらは淡々としているようなちょっとしたトラブルでした。しかし、普通の現場であれば、一度やってみてダメなら別の方法をすぐに試せるけれど、イチエフでは作業員さんの線量がパンクしてしまうので、一つ目のやり方がうまくいかないと、『この日はもうできない』となる。どこの現場でも当たり前に起こることで、あの現場は工程が一日、二日と遅れてしまうんです」

こうした「ちょっとした延期」と捉える作業の遅れが、翌日の新聞やテレビで想像以上に大きく報道されるのは、彼らにとってかなりのストレスだった。ただ、そのことは一方で調査を担う中原たちを、良い意味で緊張させる理由にもなっていたようだ。

「それだけのことで大騒ぎになってしまう仕事なんだ、といつも思うようになっていきましたから」

また、彼が「サソリ」による調査を担当した二〇一七年三月は、東芝という企業そのものが、創業以来の激震に見舞われている時期でもあった。

二〇一五年に不正会計が発覚した同社は、四つの分社会社になった。ところが、その矢先の翌年に中原の所属する原子力発電所の事業での巨額損失が発覚。二〇〇六年に買収した米ウェスチングハウスが「サソリ」の調査を行なった月に破綻し、同社は約五千億円の債務超過企業となった。

そんななか、東芝に対する世間の風当たりの強さはピークに達しており、恐る恐る見たネットの書き込みに「信用できない会社が信用できない会社を使ってロボットを作っている」といったものを見つけたときは、何事にも動じないタイプの中原も複雑な思いを抱かざるを得なかった。

「とにかく悔しかったですね。そのときはロボットの設計の担当者と磯子の飲み屋で飲みながら、『次は誰も文句を言われないような成果をとってこよう』と話したものです」

終始明るい調子で話していた彼も、このときばかりは何とも言えない表情を浮かべた。

東芝の責任

ところで、中原の話をここまで聞いていて興味深かったのは、彼と二人三脚でＰＣＶ内部の調査を担当していたこの「ロボットの設計の担当者」もまた、同様に若い世代のエンジニアであったことだ。

浦西敦義、当時二十九歳。彼がＰＣＶ内部調査用のロボット開発を命じられたのは、入社から四年目の二〇一四年である。廃炉工程の最初の十年において、最も大きなターニングポイントである「デブリ」への接触は、中原と浦西という震災の直前に入社した二人の若手エンジニアが担っていたのである。

そして、二人が口をそろえて語ったのが、イチエフの現場での仕事が長くなるにつれて、「廃炉という仕事」に深い思い入れを抱くようになっていった、という心境の変化であった。

中原に初めて取材をした数か月後、川崎の東芝本社で会った浦西は次のように言った。

「最初はもちろん、『今後どうなるんだろう』という不安が大きかったです。でも、僕の場合は事故や廃炉の対応をやっているうちに、覚悟を決めなければならない、という気持ちになっていきました。この会社にいる限りは、何らかの形でずっとこの仕事にかかわっていくんだろう、って」

事故の直前に入社したばかりの浦西や中原には、東芝という会社が背負うことになった過去の原発事業に対する「責任」の意識は希薄だった。また、震災後の三年間、ロボットの設計担当に抜擢されるまでの浦西は、イチエフの傷ついた原子炉の評価を磯子の事業所で行なっていたため、中原とは違って「現場」が距離的にも遠い存在だった。

だが、格納容器の内部調査やロボットの技術開発の部署に異動し、イチエフの現場での工事にかかわるようになって、少しずつ考えが変わっていった、と彼は続ける。線量の高い現場で多くの人々が働く姿に接する中で、「やはりこれは自分たちの持っている事業の責務なんだ」と思うようになっていったというのである。

例えば、三十年続くと言われる廃炉作業を終えることが本当にできるのだとすれば、そのとき自分は六十歳前後になっている。もしこのあまりに厄介な現場が「グリーンフィールド」になるときが来るのなら、それを自分自身のこの目で見届けたい——。そんな気持ちが芽生えてきたのだ。

「現場を見るようになって、福島への思いも強くなっていきました。会社もああいうことになる中で、このままこの会社にい続けるかどうかを悩んだことがないと言えば、それは嘘になってしまいます。でも、そんなふうに悩む度に、意義の高いプロジェクトの最前線に自分はいるんだ、と考えて踏みとどまってきたんです」

それに――と彼は言った。

「何十年か後に若い人にこの現場のことを伝えようとするとき、それができるのは自分たちの世代なんだという思いも湧いてきたんです」

こうした浦西の思いは、設計チームを統括する中原もまた、別の形で共有してきたものだ。例えば、中原は化学系のメーカーのエンジニア部門から東芝へ転職したが、その中で今に至るまで常に胸にとどめ続けている目標があるのだと話す。その思いを私に伝えるに当たって、彼はまずこう語った。

「僕は以前の会社で、各工場の自家発電機の建設や保守の仕事をしていたんです。各工場の発電用プラントの建設に携わっていると、『こういう大きなものを作り、駆使しながら製品ができていくんだ』という思いを抱きました。プラントにかっこよさを感じた、と言うんですかね。東芝に転職したのは、どうせならそういうプラントのいちばん大きな分野の仕事をしてみたい、と考えたからでした」

そのきっかけが中原らしい。

ある夜、仕事終わりに会社の仲間たちと飲み、すっかり酔った状態で帰宅した日のことだ。ふと思いついてインターネットで調べてみると、東芝が自社のウェブサイトで中途採用のエンジニアを募集していた。酔った勢いでエントリーシートを書いた。原子力というクリーンなエネルギーによって、次の世代に美しい地球を残したい――といった内容だった、と彼は振り返る。

だが、今ではそんな話を無邪気に書いていたのが嘘のようだ。二酸化炭素を排出しない「クリーンエネルギー」として、原発を世界中に国策として売り込もうとしていた時代は、二〇一一年の三月の事故によって突如として終わった。それは二〇〇八年に彼が転職して三年目の出来事であり、今では「まともなプラントよりも事故を起こしたプラントを相手にしている時間の方が長くなってしまいました」と彼は自嘲気味に言うのだった。

それでも中原が「廃炉という仕事」の現場に留まっているのは、前職の会社であるベテランの技術者に対して抱いた次のような憧れがあるからだという。

「確かに震災があって、僕は当初の思いとは逆ともいえる仕事をするようになりました。だけど、事故があってからしばらくして、こう思うようにもなったんです。そもそも自分はなぜプラントの建設に携わりたかったのか。その理由を突き詰めていくと、一つの現場での生き字引みたいな存在になりたいからでした。ものを作る計画からその仕事に携わっていれば、そのプラントにものすごく詳しくなれるわけですから」

そう語ると、彼は「前の会社に年配のすごい先輩がいたんです」と続けた。

「その人は自分の働いているプラントについてなんでも知っていて、何か困ったことがあれば『どこどこに○○というバルブがあるから、それを少し締めてみな』と図面も見ずにアドバイスをくれる人でした。『どうしてそんな細かいところまで知っているんですか』と聞いたら、『ずっとこの仕事をやっとるからなあ』って。プラントの全てを自分の手足のように把握しているその姿が、本当に格好良くて憧れだったんです」

震災以来、事故を起こしたばかりの原発のプラントにかかわるうち、中原は次第に「このまま廃炉の現場で働き続けることで、自分はいつかその憧れに近づけるのではないか」と感じるようになった。今では彼はＰＣＶ内の調査でも、その始まりから様々なトラブルと試行錯誤、それをどのように乗り越えたかを把握している数少ないエンジニアの一人となった。自分より若い作業員や自社の社員は、そんな彼をいずれは「このプラントのことを隅々まで知っているエンジニア」として信頼するようになるかもしれない。

「この現場であれば、自分もそういう存在になっていける気がするんです。事故から十年近くが経って、当時を知らない下の世代から、現場について聞かれる機会も最近ではあります。どんな現場にも記録や書類としてではなく、経験や勘所としか言えない要素があるものです。それを若い世代に伝える役割を担っていけたら、それがこの場所で働き続けるモチベーションになると僕は思っているんです」

あらゆる試みが「世界初」

二〇一七年の三月の「サソリ」による調査が「失敗」と報じられ、「次こそは文句を言われない仕事をする」と誓い合った中原と浦西が、実際にその思いを現場で実現する機会を得たのは調査から八か月後のことだった。

二〇一八年一月一九日、東京電力は格納容器の側面のX－6ペネから、長さ十六メートルまで伸びる棒状の装置を挿し入れ、先端の「釣り竿式カメラ」でその内部を撮影した。装置が「釣り竿式」と呼ばれるのは、ガイドパイプに挿入される棒の先に伸縮式のパイプが取り付けられており、さらにその先端からカメラがケーブルで釣りのように垂れ下がっていくからである。それは中原と浦西が中心となって新たに開発した装置で、前回の「サソリ」による調査で得た知見を総動員して作り上げたものだった。

浦西は言う。

「前回の調査で『レールを走行する』というコンセプトはダメだと分かった。そこで消去法的に選ばれたのが、これまでのノウハウやコンセプトをパイプ式で活かす、という手法でした。この調査ではプラットフォームの下にもアクセスしないといけないので、自ずと出てきたのがカメラを吊り下ろせる機構でした。最初の調査で条件が絞られたので、とにかく使えるものは全て使おう、という形で合理的な手段が検討できるようになったんですね」

この二〇一八年一月の調査では、前回調査では確認できなかった「プラットフォームの下」、格子状の足場の直下にある格納容器の底の部分の撮影に成功した。

うっすらとした白い靄《もや》の奥に見える格納容器の底部は、全体が何とも言えない茶色をしており、天井や壁面には無数のケーブルが露出して垂れ下がっている。カメラが靄の奥を映し出していくと、そこにはいくつかの水たまりの他、燃料集合体のハンドルと思しき落下物や、小石状の堆積物（後に彼らがトング状の把持機構を持つ装置で触ったものだ）が確認された。それは事故から約七年、イチエフの現場で「デブリ」らしき堆積物が実際にとらえられた瞬間だった。

中原が今でも印象深く語るのは、このときに撮影した画像を処理してつなぎ合わせ、ペデスタル内の全体像を作り上げたときのことだ。そこに現れたのは茶色い湿った鍾乳洞のような不気味な光景で、一目見て誰もが大きな衝撃を受けるものだったからだ。

同年四月、東芝は東京電力からの報道発表の前に、ＮＤＦ（原子力損害賠償・廃炉等支援機構）やＩＲＩＤの担当者を集め、調査結果の成果としてその映像を会議で公開した。浦西が画像をプロジェクターの画面に映し出した瞬間、会議の三十人ほどの参加者が一斉に驚きの声を上げたという。「これはすごいな……」といった言葉が口々に聞こえ、解析したデータについて中原が説明をし終わると、自然と拍手が起こったのだった。

その反応を見たとき、中原と浦西は震災後の歳月のなかで自分たちが続けてきた仕事が、ようやく報われ始めていることを実感した。そして、この調査の成功が、東京電力が初めて「デブリ」と推定したその堆積物を実際につかむという翌年の調査へと繋がっていったのである。

「あの事故が起こったその日くらいから、結局、僕はこの仕事をしていることになるんですよね……」

と、中原は言った。

「だから、この福島の廃炉に関して話をするのであれば、ベテランの人とも自分は対等だろうと自負して働いていているつもりです。そんなふうに、自分たちの世代がこの仕事を一から続けていることの責任は、とても大きいのではないか。廃炉という仕事は我々の世代が現役のうちに、ひょっとすると終わらない可能性もあるわけです。これから入ってくる下の世代は、それこそ原子力発電所の事故にもこれまでの政策にも全く関係ない世代になっていく。実際にいまは廃炉をやりたいと言って入ってくる新人もいるし、多核種除去設備をやりたいと言う二十代もいます。そうした人たちが現場に来たとき、どれだけ働きやすい環境を作っておけるか。それが僕らの世代の役割なのではないか。そんな気持ちがあるんです」

浦西も次のように話す。

「例えば、いつかあのサソリが出てきたときに、『あれは俺が置いてきたものだ』って後輩に語るときが来るのかもしれない。現実には瓦礫として処理されるのだとは思いますが、そのとき、そう言えるような仕事をしていきたい」

何かを作り上げるわけではない「廃炉」という仕事には、確かに後ろ向きな印象が常に付きまとうものだ、と中原は話す。だからこそ、と彼は言った。それにかかわるエンジニアは後ろを向いてはいけない。慎重に慎重を重ねながら、それでも前を向いていこうとする気持ちが、この仕事に不可欠な向き合い方なのだ、と。

東電が予定している二号機でのデブリの最初の取り出しは、試験的に数グラムを採取して分析をするというものだ。二号機には約七十センチの高さまでデブリが溜まっていると言われ（三号機ではさらに約二〜三メートル）、その「取り出し」は文字通り最初の小さな一歩でしかない。そのことを踏まえた上で、中原は最後にこう語った。

「廃炉という仕事は、あらゆる試みが『世界初』と呼ばれます。そうした環境に自分が身を置いていることの意味を、いつも考えています。そのなかで、最初は『本当にこんなことできるんだろうか』と感じたことが、現場で実現されていく過程を僕は見てきました。現実的ではないと思えた調査も、一つ一つの積み重ねで実現できた。だから、十年近くをこの現場で働き続けるうちに、僕はこう考えるようになったんです。最初から『できない』と考えてはいけないんだ、と」

そんなふうに考える自分は、果たして楽観的に過ぎるだろうか？　そう語るときの中原の目は、私にそんな問いを投げかけているように見えた。

福島第一原子力発電所２号機（2020年９月）

第七章
事故後入社の東電社員たち

入社した以上は事故の当事者

「最初はここで働くことに不安もありました」

場所は東京電力の約千名の社員が働く福島第一原発「新事務本館」の一階。その出入口の一角の小さな会議室で会った為我井成一は、少し緊張した面持ちで言った。

彼は二〇一八年九月の取材当時、四号機の原子炉建屋とメルトダウンを起こした三号機周辺の瓦礫撤去と舗装工事、さらには津波で被災した車両の解体作業を担当する一人の東電社員だった。

三十代半ばで東電に転職してから、もうすぐ二年が経とうとしていた。「なぜこの会社で働こうと思ったのか」――そんな私の質問に対して、彼ははっきりした口調でこう続けた。

「不安は確かにありました。でも、廃炉という仕事は、誰かがやらないといけないものですよね。もし自分の経験がここで誰かの役に立つのであれば、それを誇れるような働き方ができるんじゃないか、と思ったんです」

東日本大震災から約十年が経ったいま、事故を起こした原子炉建屋ではデブリの取り出しの準備が始まろうしている。前章で東芝の中原たちが「廃炉を担う次の世代」への責任を語ったように、私にはこの本の取材当初から話を聞いておきたいと思っていた人々がいた。それがあの事故のきっかけとなった「3・11」の後に、東京電力という「加害企業」で働き始めた若者たちだった。

私がその世代に話を聞きたいと思ったのは、この原子力発電所で続いていく「廃炉という仕事」の現場を彼らがどのように目撃し、体験しているのかを知りたかったからだ。

事故の当事者ではなかった立場と、自ら事故の当事者となった現在の立場――。

そんな二つの立場を抱える彼らの目に、現在の福島第一原発の状況はどのように映っているのだろう。そして、彼らはどのような思いを抱えながら、事故後の東京電力という会社に自ら身を投じたのか。

その姿を通してイチエフの現場に光を当てることは、「廃炉」の現場の「いま」を少し違う角度から理解する一助になるのではないか。そんな思いを抱きながら、これまで私は何人かの「事故後入社」の東電社員に話を聞いてきた。為我井はそのうちの一人だった。

「もちろん普段はそんな自分の気持ちを、誰かに話すことはありません」と彼は続けた。

「入社した以上は僕もあの事故の当事者であるわけです。だから、この服（東京電力の制服）を着て『人の為に役立っている』と表立っては言わないし、言うべきではないと思っています。そうでなくても一緒に働く作業員の人たちからすれば、『おまえらが起こした事故だろう』という思いがあるわけですから……。僕もここに来て以来、事故後に入社した人間だと自分から言うことはありません」

為我井が転職活動を始めたのは二〇一五年の夏頃のことだったという。大学で建築学を学んだ彼は、それまで「コンストラクション・マネジメント」を行なう大手建設会社に勤めていた。コンストラクション・マネジメントとは、工場や大規模な事務所ビルの建設に際して、ゼネコンや複数の建設会社を取りまとめる仕事だ。現場が変わる度に赴任が伴う業務であるため、日本全国の現場を渡り歩いてきた。

転職活動をしようと考えた直接のきっかけは妻の出産だった、と彼は言う。単身赴任が続く寮住まいの生活ではなく、もう少し家族とともに過ごす時間が取れる仕事をしたくなったのだ、と。

「家族は千葉に住んでいるのですが、前職ではほとんど一緒に暮らせないでいましたから。あと十数年間もそんな生活を続けるのは、ちょっとしんどいな、って。そのとき、初めて『自分が何をしたいか』をあらためて考えてみたんです」

彼は人材紹介会社大手の「リクルートエージェント」に登録し、現場でのマネジメントの経験を活かせそうないくつかの企業の紹介を受けた。「東京電力」はその中のリストにあった一つだった。

廃炉の現場での仕事があると聞いたとき、彼の胸にまず生じたのは、一人の技術者としての好奇心だった。原子力や火力のプラントに関わる建築屋なんて、全体の数パーセントもいない。そこで自分が働くというのは、面白い選択かもしれない――。

「それに」と彼は言う。

「廃炉という仕事の社会性の強さに惹かれたんです。事務所ビルやマンションを作る仕事にも、もちろんやりがいはありました。何もないところに新しい建物が完成した瞬間は嬉しいものです。でも、その世界で働き続けていると、コストや儲けについて常に考えていなければならないことに、段々と疲れてもきて。そんななかで、ひょっとすると自分がやりたいことはコレなのかもしれないな、と思ったんです」

新橋にある東京電力本社での面接では、「福島に行くことになっても本当に大丈夫ですか？」と何度も念を押されたという。人事担当者からあまりにしつこくそう聞かれるので、かえって不安になったほどだった、と彼はいまでは笑う。

「家族のこともあったので、あまり現場に行く気がないのではないか、と思われていたのかもしれません。あるいは福島勤務になって『やっぱりやめます』と言われたケースが、以前にあったのかな、とも思いましたね」

実際に内定が出て配属が決まると、話が違うと思ったのだろう、妻には「一緒には行かない」と言われた。

「確かに家族と一緒にいたいという目的とは離れましたが、これまでもずっと単身赴任ばかりでしたから、これも運命なのかな、って」

そうして彼は二〇一六年度に東京電力へ転職した五十四人のうちの一人として、福島第一原子力発電所で働くことになったのである。

為我井が暮らしている大熊町の社員寮は、二〇一六年の夏に完成した東京電力の単身寮である。

町は二〇二〇年三月に一部の避難指示が解除されたが、以前は一万一千人の住民が避難する「帰還困難区域」だったことはすでに述べた通りだ。そのなかで寮のある大川原地区は放射線量の低い「居住制限区域」に指定されており、当時から夜間を除いて自由に出入りできた。周囲には廃炉作業に携わる関係会社の事務所も点在しており、以前は田畑だった場所を切り拓いた広大なモータープールに車が行き来していた。

寮のそれぞれの建物は一見すると戸建て風で、一階と二階が六畳ほどのワンルームとなっている。建物の周囲には広葉樹が植えられていて、何も言われなければデベロッパーが開発したモダンで閑静な住宅地のようだ。入口には「大熊食堂」という一般にも開放されている社員食堂もあり、夜になるとこの一角だけ灯りが煌々とついていた。

この寮に為我井が来たのは二〇一七年の一月のことだった。普段、彼は六時半頃に起きると、矢継ぎ早に支度をして七時台のバスに乗る。そして、八時前に原発構内の新事務本館のデスクに着き、夜は遅くとも二〇時五〇分の大熊寮行きのバスに乗るようにしている。

「寮は外を出歩けなかったので、生活にいろんな制約があったのは確かです。食堂も夜九時半がラストオーダーなので、これを逃してしまうと周囲にスーパーもないから食事ができなくなるんですよ。何しろ全くの陸の孤島ですから。僕は部屋にテレビも置いていないので、寮では軽く運動をするくらいです。土日は家族に会いにいわきから都心に出ていることが多いですね」

幸いと言っていいかは分からないが、以前に勤めていた会社では新人時代、地方の現場に赴任すると、四ＬＤＫの部屋を四人の同僚と分け合わねばならないことも普通にあった。そのため生活環境の悪さに対して、特に抵抗は覚えなかったという。

また、大熊食堂で夜に少し酒を飲んでいると、この寮が完成する以前の様子が「ネタ」として社員から語られることがよくあった。その会話を聞いていると、彼は生活の不便さについて何かの意見を言う気持ちが初めから失せた。

二〇一六年六月以前、東電の社員の居住区は「Ｊヴィレッジ」の敷地内にあった。彼らは廃炉カンパニーの重役から新入社員まで、全員が四畳のプレハブ住宅に暮らしていた。

「〝昔〟は大変だったんだ。風呂もトイレも遠くてさ……」

二年ほど前に福島第一原発に配属された同僚は言った。

原発事故の加害企業で働く彼らは、そもそも住環境について不平を語る立場にはなかった。だが、大熊食堂での仲間内の飲み会の席では気も緩み、そんな話が気軽に交わされる。広野町のプレハブの部屋にはトイレもなく、隣の住民の生活音が「ポテトチップスを食べる音」まで聞こえたというから、当時を知る社員にとって新しい社員寮の竣工は涙が出るほど大きな出来事だったわけだ。

この寮へ二〇一七年一月に来た後、作業証の登録や新人研修を受けた為我井は、二月に入ってから発電所の現場で働き始めた。

担当することになったのは前述のように、三、四号機の建屋の海側の瓦礫撤去と舗装だ。この作業は「フェーシング」と呼ばれ、地面の土を剝がした後、砕石を敷き詰めて新しいアスファルトで再舗装を行なうものである。放射線量の高い瓦礫を撤去すると同時に、降雨によって地表面の放射性物質が地下に染み込まないようにするためだ。

実際の作業は一次請負業者の大成建設が担い、東京電力は発注元として彼らの作業を計画・管理する立場だった。

初めて四号機の建屋前に来た時、津波と水素爆発によって破壊された四棟の原子炉建屋が南側から並ぶのを見て、彼は思わず息を飲んだ。

発電所構内は放射線量の高さによって、「Gゾーン」や「Yゾーン」と呼ばれる区分けがなされており、彼の最初の現場は放射線防護服とマスクの着用が必要なYゾーンに指定されていた。

新事務本館からバスで免震重要棟に移動し、そこで二重の手袋と靴下を着用してから、防護服の隙間をビニールテープでふさぐ。準備が整うと車に乗り、海抜三十五メートルエリアから建屋のある海抜十メートルエリアへと坂を下りていく。車内で長靴をはきかえて外に出ると、これまで何度もテレビで見てきた光景が、現実のものとして目の前に広がっていた。

放射線防護服などの装備を身に付けているため、二月の海風の冷たさはほとんど感じなかった。東京タワーと同じ分量の鉄骨で作られたというカバーのついた四号機、屋根が吹き飛んで無残な姿をさらす三号機が見上げるように間近に迫り、それぞれに赤い巨大なクレーンを付き添わせた二号機、一号機の建屋が少し離れたところにあった。

現場にはこれから撤去する三棟の建物とタンク、ボイラーが津波によって被災したままの姿で残っていた。窓ガラスが割れ、様々な瓦礫が放置されている建物の壁には、赤いスプレーで事故当時の周囲の放射線量が書き付けられていた。

「ここはまだ非常事態が今も続いている場所なんだ……」と彼は思った。

震災があったとき、相模原市の現場で働いていた彼は、地震から二週間後に応援要員として岩手に行った。その際は工場の剝がれた内装を直す仕事を手伝ったのだが、作業員や資材を集めるのにとても苦労したものだった。

それから一か月ほどが過ぎた頃、ふと思いついて三陸沿岸に車で向かった。津波の凄まじい被害を目の当たりにした彼は、軽い気持ちでその場所を訪れたことを後悔した。福島第一原発の海側の様子を見たとき、彼の胸にはそのときに見た光景が甦ってきた。

「何だか時間を引き戻されたような気持ちがしたんです。それに、ここでは装備を身に付けているので、一度来ると二時間は水を飲むことすらできない。この現場では多くの人がこうやって働いてきたのかと思うと、大変な場所に来てしまったと感じました」

それは東電に入社した彼が、自らの選択した仕事のリアルな姿に対峙した瞬間だった。

いかに作業員の仕事を止めるか

最初、慣れない装備と環境に戸惑いも覚えたが、為我井はそこで自分が工程を管理していく「フェーシング」という作業が、「廃炉」の事業にとっていかに重要な仕事であるかをすぐに理解していった。

この作業の第一義的な目的は、汚染水の原因となる雨水が地下に染み込まないようにすることだ。

また、高線量の瓦礫を撤去して空間の放射線量を下げることで、それだけ長時間の労働が可能になるし、さらには「Yゾーン」を「Gゾーン」（ベスト、ヘルメット、手袋、くつ下、マスク着用）に変えられれば、その分だけ身に付ける装備を軽くできる。装備の負担が軽減されると労働環境は劇的に改善されるため、現場のフェーシングには作業の効率化や安全面において大きな効果がある。実際にこの作業と除染の効果もあって、二〇二〇年には構内の九六パーセントの場所で簡易マスクと一般作業服での作業が可能となっている。

そして、このフェーシングによって同時に期待されたのは、建屋前の海側の限られた敷地に平坦な土地が増えることだった。

四棟の原子炉建屋の前では様々な企業がそれぞれに作業を進めており、重機や駐車場、資材の置き場所が慢性的に足りないという問題を抱えてきた。実際に建屋前の土地は業者による取り合いが起こっている状態で、その調整に為我井のような東電側の担当者は常に頭を悩ませてきた。フェーシングによってまっさらな土地を作ることは、その意味で一石二鳥とも三鳥とも言える重要な作業なのだった。

為我井はこの現場の管理者として働く中で、徐々に「廃炉」という仕事がこれまでどのように行なわれてきたかを、ともに働く大成建設の担当者や下請けの作業員たちから学んでいくことになった。そして、その経験は今後三十年、四十年と続くとされる「廃炉」というプロジェクトの長い流れにおいて、自分の仕事もまた小さくとも確かな役割を担っているのだ、という実感を彼に与えていった。

「僕の現場に多いのは四十代から五十代の監督さんや作業員さんで、みんな熱血漢の良い人たちでした。他の建設現場に行ったらもっと稼げるんじゃないか、というくらいの仕事ぶりで、彼らからはとてもたくさんのことを教わりました」

為我井を迎え入れた大成建設側の担当者として、私は同社の「福島震災支援プロジェクト作業所」の副所長・大井克朋と工事主任の間島一聡の二人に話を聞くことができた。二人とも一九七二年生まれの四十五歳（当時）である。

いわき市の郊外にある同社の作業事務所の会議室で、大井は「彼がここに来た二〇一七年の初めの頃、まだあそこは全面マスクがなければ作業できない場所でした」と振り返った。

「ただ、それでも以前とは比べものにならないくらい作業環境は改善されていたんですよ」

彼がそう話すのは、現在の四号機建屋前の「現場」を見ても、当時の様子を窺い知ることがほとんどできないからだ。

為我井が担当になって一年が経った当時、建屋前には「サービスセンター」という建物が残るのみで、敷地にはすでにアスファルトが敷き詰められていた。以前は建物やタンクに遮られて見えなかった海も、「現場」から見渡せるようになった。

大成建設がこの海側のフェーシングを開始したのは二〇一三年。当時はまだ非常に高い放射線を発する瓦礫が多く、作業には鉛ベストの着用が義務付けられていた。ベストは重いもので二十キログラム、軽いものでも十キログラムあり、ちょっとした作業をするだけでも息が切れた。仕事中は水分の補給も当然できないため、夏の暑い時期の過酷さは相当なものであった。

その頃、瓦礫撤去は主に深夜零時から始められた。大型重機によって道が封鎖されてしまうので、建屋の周囲で他の工事が行なわれない時間帯である必要があったからだ。

「これは今も同じですが、やはり常に難しいのは線量低減対策ですね。我々も含めて作業員の被曝をどれだけ抑えられるか。二〇一三年頃はまだ遮蔽したフォークリフト（運転席のキャビンを鉛で囲った重機）でのコンテナの運搬も必要で、それを決められた時間内に終わらせるのが大変でした」

大井や間島のような現場監督が最も苦心したのは、「いかに作業員に無理な作業をさせないか」だったという。

とりわけ福島出身の作業員たちはこの仕事への思い入れも強く、ベストの胸ポケットに入れたＡＰＤのアラームが鳴っても、「あともう少しだけ」「キリのいいところまで」と仕事を続けようとしてしまう傾向があった。そんなとき、彼らは必死に作業を続ける作業員の背中に向かって、メガホンで「〇〇さーん。戻ってくださーい！」と大声で呼びかける必要が生じた。

「三分ごとの作業を四チームに分かれてやるようなときでも、作業員さんたちが一生懸命に仕事をしてしまうんです。『今日は三回鳴ったらやめだよ』と言っていても、ＡＰＤのアラームの限界まで続けようとしてしまう方も多くて――」（大井）

「仕事を終えるタイミングの見極めが難しいんです。どうしても中途半端なところで作業員が替わるので、『ここまでやって今日は終わり』という普通の現場なら当たり前のことができない」（間島）

そう語る彼らも「五年の累積で八〇ミリSv」という大成建設の社内基準の限界近くまで被曝し、大井は二〇一八年四月までは線量の高い現場には出られないでいた。真島も二〇一三年度に累積線量が八〇ミリに近づき、しばらくは大型休憩所の建設など後方の工事を担当していた。

そのように放射線量の高い場所での瓦礫撤去は、何をするにしても手間と時間がかかった。発電所の構内は放射線量の他に、ダストの量が常にモニタリングされている。よって建物の解体を行なう際も、その数値が上昇しないように飛散防止策をその都度、考えなければならない。

また、もう一つ作業の障害になってきたのが、敷き鉄板を剝がした際に想定外の配管や配線が地中から見つかることだった。津波によって図面そのものが消失している場合もあれば、被災直後の混乱の中で取るものも取り敢えず設置されたケースもある。ときには水の入ったタンクが見つかることもあり、その度に作業が中断されてしまう状況が彼らのストレスとなってきた。

そんななか、彼らが為我井のような東電側の担当者に期待するのは、配管などの取り扱い方法を水処理や電気関係の担当者と掛け合って決定し、同じ現場で働く他の協力企業との作業間調整を速やかに処理することだ。

「その点、前職が建設業界の為我井さんは、現場の実情をよく分かってくれているという印象です。これまでとても大変な思いをして今に至っているという現場の経緯を、率先して理解しようとしている姿勢もありがたかった。やはり当時の状況を知らないと、この現場での作業がどれだけ繊細なものかが実感として理解しにくいと思いますから」

彼らもまた震災後にイチエフの現場に入り、様々な思いを抱えながら困難な仕事を進めてきた。「当時の大変さを知ってもらいたい」という言葉には、自分たちがこの現場を少しずつ改善してきたという自負が窺えた。

例えば、郡山市の大学を卒業後に大成建設に入社した大井は、「福島は第二の故郷だという思いがある」と語る。震災時は広野町にある東電の火力発電所で、港湾の船積みサイロの工事に携わっていた。

「会社の方から赴任の話があったときは、いよいよ自分のところにも声がかかった。何とか福島の復興のために自分の仕事を役立てられるときがきた、という思いでした」

間島も同様に、廃炉の仕事に対して思い入れを抱いている、と語った。震災時、地元・香川県のビル建築現場で働いていた彼は、原発事故があった二か月後の二〇一一年五月に福島第一原発へと来た。

「テレビで三号機の爆発の様子を見たときは、正直に言って遠く離れた場所の出来事としか思っていませんでした。でも、連絡を受けたときは大袈裟な表現かもしれませんが、『この日本の危機の現場で働けるのであれば』と思って、二つ返事で『行かせてください』と答えていました」

間島に与えられた仕事は、三号機建屋の山側の搬入口の瓦礫撤去という過酷なものだった。そのために同社の原子力チームは、スウェーデンの重機メーカー・ブロック社の解体用小型重機を急遽輸入した。チェルノブイリ原発でも使われている遠隔操作のできる無人機で、カニのような足が印象的な機械だ。間島はこの重機の操作を行なうための訓練を、大成建設の関連会社「成和リニューアルワークス」の研修センターで受けた後、それをトラックに乗せて原子力発電所の構内に運び込んだ人物だった。

「Jヴィレッジで防護服と全面マスクを付け、通行可能だった（福島）第二原発の方からイチエフに向かいました。最初に建屋の近くまで来た時は、『ここは戦場か』と思いました。建物に倒れた鉄骨が突き刺さっていたり、タンクに車がぶら下がったりしていて、まるでミサイルが爆発した後の瓦礫という感じで……。それが津波によるものだと分かるのは、周囲に魚が何匹も打ち上げられたまま干からびていたからでした」

そのとき、彼らは「ふれあい交差点」と呼ばれているガソリンスタンドから、さらに少し入った先の高台にトラックを改造した操作室を作った。四号機の前には厚さ十センチの鉛で覆った指令室もあり、ブロック社の無人重機をカメラの映像を見ながら操作した。

「当時は五ミリのＡＰＤを持って行っても、ちょっと機械の不具合があって車から降りたり、現場の写真を撮りに行ったりすればアラームが鳴る状況でした。遮蔽フォークリフトなどを使って、高いものだと数百ミリシーベルト、ときには一シーベルトの瓦礫を取ってくるような作業でしたから」

彼らは三号機建屋の原子炉付近の鉄板を、重機の先に強力なマグネットを取り付けて回収したこともある。そうしたアイデアを現場での議論の中からひねり出しながら、様々な課題を解決する作業を繰り返してきたのである。

「そうした最初の状況を見たことは、これをなんとかしないといけない、少しでも力になって復興をしなければならない、といういまの気持ちの原点であり続けているんです」

二〇一七年二月にやって来た為我井が出会ったのは、こうした経験や思いを抱えた人々だったわけである。

間島や大井は折に触れて、震災時の状況を知らない為我井に対して、自らの体験を語ってきた。

現在の整然とした発電所の構内の姿もまた、かつての自分たちが見た被災直後の荒れ果てた光景と地続きのものだということ——それを彼にも知っておいてもらいたいという気持ちが、そこには含まれているのだろう。

現場で震災の記憶にも触れながら、為我井は転職後の一年を過ごした。フェーシング工事の担当分を終えた後、現在は同じ廃炉の現場で二号機の使用済燃料プールからの燃料取り出しの準備に携わっている。

二号機のプールからの取り出しの工程では当初、屋根の解体が予定されていた。だが、現在はその計画が変更され、建屋の隣に作業台を建設して遠隔操作での取り出しを行なうことになっている。その準備段階として必要なのが近隣の建物や瓦礫の撤去で、以前と同様に協力企業とともにそれを進めるのが今の彼の仕事だ。

「最初は不安もありましたが、いまは転職して良かったな、と思っています。この仕事は目標がはっきりしているんです。現場にいるみんなが、同じ方向を向いている。フェーシングだって作業自体は簡単なものだけれど、その一つひとつが最終的な目標に向かっていると感じられるんです。そんなふうに自分の仕事に『意味』を感じられることが、やりがいにつながっています」

私がこうした為我井の言葉を聞いていて実感したのは、廃炉作業の現場は震災の記憶が受け継がれる場でもあり、そのなかで「震災後入社」の社員は自身の仕事の意味を理解していくということだった。

そこで次は二〇一五年四月に東京電力に新卒で入社し、福島第一原子力発電所に配属された二人の社員のインタビューから、「廃炉」の現場の様子をさらに見ていきたい。

現場を見ないと何も語れない

「――大雨のときは招集がかかるので、梅雨や台風の季節になると、天気予報がいつも気になります」

下川純佳が言った。全面マスクを身に付けているため、彼女がどんな表情をしているのかは分からない。

「サブドレン浄化建屋」と呼ばれるその建物の中には、機械のポンプが稼働する音が常に響いていた。核種を吸着する筒状の機械には、「日立」と製造元のアメリカの企業「アバンテック」のロゴが並んで記されている。

この施設内の放射線量は低いが、汚染された水を取り扱う可能性があるためYゾーン用の装備が必要となる場所だ。全面マスク越しのくぐもった声は聞き取り難く、ちょっとした会話を交わすにも大声を張り上げなければならない。

取材当時、入社二年目の東京電力の社員だった彼女は、福島第一原発の水処理設備部地下水対策グループで働く一人だった。前年は「陸側遮水壁」（凍土壁）を担当し、二年目のこの年からはサブドレンによって汲み上げられた地下水を浄化する設備の保守や管理を担当していた。現在も水処理のグループの一員としてイチエフで働き続けており、水処理について様々な計画や設計を担当するとともに、そのデータをとりまとめて「週報」を作る仕事をしている。

「最初はマスクを締めすぎちゃって頭が痛かったです。でも、何度も着るうちに慣れてきました。夏場は本当に暑くてマスクに汗が溜まるほどなので、いつの間にかお化粧もしなくなっちゃいましたね」

福島第一原発の地下水対策にとって、原子炉建屋に流入する前に地下水を抜き取るサブドレンは、深さ三十メートルにわたる氷の壁を作る陸側遮水壁と並んで、汚染水の量を減らすための極めて重要な設備だ。

例えば、二〇一四年度の汚染水の発生量は一日平均約四百七十トンで、当時は二、三日に一度のペースで水を貯めるタンクを建設しなければならなかった。下川が現場に配属された頃にはこれを百八十トン前後という水準まで減らしたことで、タンクの建設のペースを半分以下に抑えることができるようになっていた。

地下から抜き取られる水は最終的に海へと放出されるが、その前に汚染されていないかを確認する必要がある。そこでサブドレンの水はまず集水タンクに集められ、浮遊物やゴミをフィルターで荒取りした後、今度は放射性核種を取り除く「吸着塔」に送り込まれる。

吸着塔を通った水は次に隣接するサンプルタンクに送り込まれ、攪拌ポンプでかき混ぜた後に分析が行なわれる。そうして安全性を確認して排水する量は一日に八百トンである。

「地下水の担当になったときは、『地下水を止めるっていっても、どうやって止めるんだろう』ってただただ不思議でした。自然に逆らうような話ですから。いまは逆らうのではなく、折り合いをどう付けるかを考えるのが、私たちの仕事なのだと捉えています」

それにしても、福島第一原発で働く東京電力の女性は約四十名だという。そのなかで下川のように現場で防護服を着て作業を行なう者はごく少数だ。だが、ここが徹底した男職場の過酷な現場であることを知りながら、彼女は入社時に福島第一原発への配属を自ら希望したという。それはいったいなぜだったのだろうか。

新事務本館で理由を尋ねたとき、彼女の答えに対して私は少し意表を突かれた。

「ニュースを見るだけ、口で言うだけというのが嫌だったんです。現場も見ていないのに、ああだこうだと言いたくありませんでした」

下川は山口県の出身である。震災のあった二〇一一年は大学受験の年で、三月は合格した法政大学の工学部への入学を待っていた。初めて親元を離れての東京での一人暮らしに、不安と期待を感じていた時期だろう。

事故の後、東京にいる兄から電話がかかってきた。

「いま大変なことになっているからテレビを見ろ！」

実家の居間のテレビを点けると、東京電力の原子力発電所の建物が爆発し、黒い煙が空中に上がる様子が繰り返し流されていた。

その後の数週間、テレビには様々な専門家が登場しては、「原発事故」についての意見を述べていた。中には説明に応じる東電社員の言葉を、薄ら笑いを浮かべながら切り捨てるコメンテーターもいた――少なくとも彼女の眼にはそう映った。

「私は遠い場所にいる全くの第三者で、被害者でもないからそう感じたのかもしれませんが、その様子に何だか腹立たしさを覚えたんです。そんなふうに批判ばかりしても状況が良くなるわけでもないのに、テレビはみんなが怒りを持ち続けるように煽っているように見えて……。被災者の人たちや復興を前に進めるために必要な大切な視点が、そこには全く欠けているような気がしました。起こってしまったことに対して、どうにか協力して解決の方向に進めようとしている人が誰もいないような気がしたんです」

上京して大学生になった彼女は、そのときの気持ちを一度は忘れた。周囲に被災した人はなく、震災は喉元を過ぎれば「遠いテレビの中の出来事」に過ぎなかったからだ。

彼女がその当時の気持ちを思い出したのは、インフラ系の企業を中心に就職活動を始めた頃のことだった。いくつかの企業を調べるうちに、例えば「あの東京電力」でいま働くことは、どのような選択だと言えるのだろうか、と考え始めたのだった。

「私にとって『廃炉』という仕事はあまりに未知のものでした。そのとき思い出したのが、震災当初の報道の雰囲気だったんです。他のことなら、『きっと誰かがやってくれるんだろう』と思えたけれど、廃炉についてはそうは思えなかった。あれだけ批判を受けてきた企業ですから、やろうとする人がいないんじゃないか。それなら自分が手を挙げてみよう、って。それが社会の役に立てる選択だという気持ちがありました」

そうして二〇一五年四月、彼女は東京電力の新入社員として福島第一原発に配属されたのである。

以来、下川は楢葉町の竜田にある単身寮で暮らし、現場に通うようになった。入社当初は寮が完成していなかったため、彼女を含む約五十名の同期はJヴィレッジの四畳のプレハブから職場に通っていた。

「広野の寮に来たときは、『本当にここに住むのか』と思いました。隣のテレビの音はもちろん、カーテンを閉める音もはっきりと聞こえるし、トイレもお風呂もないんですから」

両親は口には出さないまでも、就職先を伝えた後は心配していることがありありと分かった。親戚の中には「やめた方がいいんじゃないの」とはっきり言う者もおり、「大丈夫なの？」と聞かれる度に、自分の思いを伝えることの難しさを感じた。「でも、あの広野のプレハブに住み始めて、何だか本当に覚悟が決まった気がしたんです」と振り返る彼女は、「それに」と続けた。

「この会社がやったことを考えれば、これくらいは当たり前なんだ、って」

福島に配属される新入社員は、「イチエフ」と同じ構造のプラントである福島第二原子力発電所でまずは研修を受ける。そこで一般的な原子力発電や放射線などの知識を身に付けた後、今度は福島第一原発で浄化施設や廃炉ロードマップの全体像について学び、ようやく先輩社員である「指導員」に付いて現場での仕事を学んでいく。

その集合研修の初日、上役の社員がみなの前でこう言ったのをよく覚えている。

「今日から皆さんは加害者になります。直接、事故とかかわっていなくても、事故を起こした当事者になるわけです。そのことを肝に銘じて働いてください」

同期の中には福島県の出身者も多く、なかには原発事故によって故郷を追われ、実家が帰還困難区域にあるという人もいた。

そして、いまでも印象深く思い出すのは、その彼らとともにバスに乗り、福島第一原発へ初めて向かった日のことだ。

「被災地」と呼ばれる場所に来たのは、そのときが初めてだった。

バスが富岡町を抜けて発電所のある熊野町に入ると、街は時間が止まったかのように静まり返っていた。

ガソリンスタンドや飲食店の店舗、放置されたままの家々――。

「一見すると全てが普通に見えるのに、人だけがいないんです。なんて表現したらいいのか分かりませんでした。ここにはまだ戻って来られないし、自分だったらまだ戻りたくないな、とも思いました。お店もないし、人もいない。生きていく上での必要なものがない。被災した方々が戻ってきたくない気持ちがよく分かりました」

学生時代の友人の多くは東京で働いている。ときおり休みの日に会うと、彼女は質問攻めにあう。どんな格好で行くの？　あのニュースでやっていたところに本当に行くの？　本当にマスクとか付けてるの？　その水っていうのは、本当にきれいなの？

「学生の頃に思い描いていた『就職』のイメージと、あまりにかけ離れた場所に来てしまったなァ」と彼女はときどき思う。学生の頃はオフィスカジュアルの服装をして、パソコンの前でハイヒールとか履いて――なんて想像していたのに、と。

「実際には作業着でマスクですから。でも、現場の協力企業の人たちは見た目は怖いけれど、優しい人ばかりです。周りから何を言われても、結局はここにいるのは自分たちだけ。仕事の全てが廃炉につながっていくので、自分の担当をしっかりこなしていくことが大事だと常に思って働いています」

と、彼女は言った。

「運転員」という仕事

二〇一五年の四月、下川純佳がバスの窓から見える町の様子に言葉を失っていたときのことだ。その風景を同じように眺めていた同期の男性社員がいた。

現在、発電所の「運転員」として働く白井千啓は——下川がそうであったように——いまもそのときのことをはっきりと覚えていると語る。

「六号線をバスで走るじゃないですか」と彼は言った。

「バスには全員の同期が乗っていたのですが、大熊町に入って被災の痕跡が見えてきたとき、それまで聞こえていた話声がすうっと消えたんです。みんなが外の風景をただ黙って見ていました」

窓の外を夢中に眺める他の同期たちが、何を思っていたかは分からない。彼は「あの事故ってこんなにひどかったんだ……」と感じながら、これまでは「他人事に感じていた」という目の前の風景が胸に迫ってくるような気がした。

「家がぼろぼろで、草もぼうぼうで、人もいなくて……。テレビで見て想像していたものとは、ぜんぜん違う。自分たちの思い描く『街』というものから、かけ離れているんです。そのとき、初めて『責任』を感じました。この街をこういうふうにしてしまった会社に、自分は就職したんだ。そして、これからの自分には、この風景に対する責任があるんだ、って」

白井が従事する「運転員」という仕事は、原子力発電所の現場に密着して働く文字通りの最前線だ。所属する部署名は「一～四号設備運転管理部」と言い、職場は免震重要棟の中心部、映画「Ｆｕｋｕｓｈｉｍａ50」で渡辺謙が演じた故・吉田昌郎所長が指揮を取っていた円卓の真横である。

仕事内容は機器の様々なパラメーターの数値の監視、プラントが正常に稼働しているかどうかのチェック、現場の見回りなど。「廃炉」が進められる福島第一原発の場合は、原子炉が正常に冷却されているかを常に確認し続けることが、彼らに課せられた第一の任務だ。

「当直」とも呼ばれる運転員の仕事は、二十四時間の二交代制である。グループはＡ～Ｅまでの五班に分かれ、それぞれ「当直長」を頂点とする約十名の運転員で構成されている。

「自分がイチエフの現場で働いているんだ、と実感するのは、やはり現場に入った時ですね」と白井は言う。例えば、緊張する作業の一つに「ＤＧサーベランス」というものがある。非常用電源の監視業務のことで、機器の切り替えの手順が複雑で、確認しなければならないデータの量も非常に多い。

「そのデータが正常であることは、何か事故があっても非常用電源が作動するという証明になるんです。そうした作業を行なった日の朝、運転日誌を作成して一日の仕事を終える時は、やりがいを感じます」

大熊町の単身寮に暮らす白井は当直の夜、一九時半のバスに乗って出社し、免震重要棟で前任者からの引継ぎを受ける。仕事は翌朝の九時前まで続き、三日半の休日を挟んで日勤に出るというシフトとなっている。

「仕事の時間が合わないので、同期とほとんど会えないところはちょっと寂しいですね。でも、慣れればどうってことないですし、何よりこの仕事は一日単位で自分が役に立っている実感があります。人数が少ないので、一人でも欠けたら仕事が困るし、迷惑もかかる。今後はもっと力量を上げて、自分の携われる仕事の範囲を広げていきたいです」

ところで、白井は原発事故について「他人事に感じていた」と語ったが、彼の生まれ育ったのは福島県いわき市である。事故の際は家族とともに親戚の家にしばらく避難した。慣れない避難生活の中では親族間の軋轢も生じ、その経験は少なからず彼の心を傷つけるものだった。

そんな彼が事故について「他人事だった」と語ることに、私は違和感を抱いた。しかし、話を聞き続けるうちに、その思いこそが東京電力へ入社した彼の動機へと繋がっていることを知っていくことになった。

白井は「スパリゾートハワイアンズ」のある湯本に生まれた。高校はいわき市の進学校に通い、都会の大学に入って「良い就職をする」という進路を真っ直ぐに歩もうとしていたという。しかし、大学受験を意識し始める二年生の後半の頃、成績が徐々に下がり始める。それまでは「何となく負けず嫌いで、得意科目の理系の科目を必死に勉強していた」が、それを続けるための気力がだんだんと弱まっていった、と彼は振り返った。

「大学受験を考えたときに、漠然としたものに向かって努力することに疑問を感じてしまったんです。勉強するのが当たり前だから勉強する、ってみんなは言うけれど、このまま東京の大学に行って、それでどうなるんだろう、という気持ちが湧いてきてしまったんです」

思春期の頃ならではの若者にありがちな漠とした不安だった、と言えばそれまでのことかもしれない。だが、受験勉強に立ち向かう気持ちがどうしても湧かず、最終的に白井は「ここにいればいいや」という気持ちで地元の大学に進学した。

「いわきにいれば実家もあるし、将来は教職でもとっておけばいい、と思っていました。要するにそれが当時の自分にとっていちばん楽な選択だったんです」

東日本大震災があったのは、大学三年生になる前の春休みのことだった。

当時、白井はいわき市内のドラッグストアでアルバイトをしていた。市内にはこれから避難する人々の車が溢れ、ガソリンスタンドに長い列ができた。街からは人が避難し始め、バイト先の店頭からも水や食料が瞬く間に消えていった。家では両親がテレビの前から離れず、刻一刻と変化する発電所の状況に神経を尖らせていた。

だが、原子力発電所が水素爆発を起こした地震の翌日も、彼はいつも通りアルバイトに出ていた。店頭に目ぼしい商品はすでになく、他の従業員も避難して休んでいた。何事もなかったかのように現れた彼を見て、店長が少し意外そうな表情を浮かべていたのを覚えている。

しばらくすると両親が店に来て、「これから避難するぞ」と彼を車に乗せた。言われるがままに親戚の家へ避難し、再びいわき市に戻ってきたのは三週間後だった。

「結局――」と彼は言う。

「当時の自分はあの事故だけではなく、あらゆることが他人事だったんです。大学で放射線についての授業があって、そのときに『原子炉は五重の壁で絶対に安全だ』と教わったので、その通りなんだろう、と。それ以外のことは考えませんでした。みんなが騒いでいるのを、どこか客観的で冷めた目で見るばかりで、事故も大学も将来のことも、全部が遠い出来事に感じられていたのだと思います」

高校時代に勉強への努力を止め、「なんとなく」進学をして地元に残った。それからの二年間、無為な気持ちのまま学生生活を過ごしているうちに、いつの間にか自分の存在を卑下するようになっていたのだと思う、と彼は自己分析する。

白井は教授に勧められるままに大学院に進学するのだが、「将来、やりたいことは見つからなかったし、見つけようともしていませんでした」と言う。

「大学院というのも言い訳みたいなもので、エネルギーの必要な就職活動をしたくなかったんですね」

その頃、彼は自分の心の中に「期待されていた道から外れてしまった」という後悔のような気持ちが、じっとりとわだかまっていることに気付いた。同級生たちの多くは都会の大学に出て、故郷を離れていた。「東京の良い大学へ入って、良い企業に入る。そのことにいったい何の意味があるのか」という問いは、今から振り返れば単に楽そうな道を選びたかっただけだったのかもしれない……。

「どうにかしなければ」という焦りはあった。だから、理科の教職免許だけはどうにか取得した。だが、教師になろうという気持ちにはなれなかった。親や教師が期待していたはずの選択をせず、のうのうと地元で暮らしている自分に後ろめたさを覚えた。

そんななか、いよいよ社会に出ることに向き合わなければならなくなった大学院二年生のとき、「東京電力」という選択肢に彼は出合ったのである。所属していた研究室に、福島第一原発で働く女性のリクルーターがやって来たのだ。

そのリクルーターは二年前に東京電力へ入社し、いまは福島第一原発で働く福島市出身の女性だった。彼女は研究室に所属する数名の院生を前に、廃炉の現場が若手を必要としていること、事故後の東京電力では若い社員の意見が尊重されやすくなっていることなどを語った。それが本当かどうかは、当時の白井にはもちろん判断できなかった。しかし、彼にはそうして胸を張って話す彼女の表情が、どこか誇らしげなものに感じられた。

「そのとき、東京電力に入ったら自分にも何かができるかもしれない、と感じたんです。廃炉という国家プロジェクト、故郷である福島の復興。そうした大きなものの中に飛び込めば、これまで低く見ていた自分をもう一度成長させられるような気がしました」

その後、白井は研究室から推薦を貰い、志望先を東京電力一社に絞った。

「親や親戚にははっきりと反対されました。『もっと別のところがあるんじゃないか』となかなか納得してもらえませんでしたね。でも、『自分の人生だから。自分のやりたいことがそこにあるから、ここにする』と言ったんです」

それは高校生のある時期から「逃げの選択」ばかりをしてきたと話す彼が、初めて自分の意思を家族に向けて強く主張した瞬間でもあった。

では、そのように福島第一原発で働き始めた白井は、免震重要棟と原子炉建屋を往復する現場において、「運転員」としての職業意識をどのように身に付けていったのだろうか。

「一〜四号設備運転管理部」に配属された白井は、三、四号機の担当班に加わった。そこで出会った先輩や上司は、多くが七年前に事故の対応に当たった人々だった。例えば、「初級運転員」である彼に仕事を教えた指導員の野々宮琢磨もその一人だ。

原子力発電所の運転員は担当するプラントが決まると、「当直長」を頂点とするキャリアの中でその担当プラントが変わることはほとんどない。そのため自ずと仲間意識が強くなる「イチエフ内でも特別な職場」だ。

中級運転員の野々宮も青森県の工業高校を卒業後、福島第一原発の三、四号機の担当になった。事故当時は二十四歳。それは入社して六年目の出来事だった。

白井は野々宮から原子炉の監視業務を学ぶなかで、当時の体験をときおり聞くことになった。それは新人の白井にとって、どれもが言葉を失うようなものだった。

野々宮の事故当初の体験の一部とは次のようなものだ。

――二〇一一年三月一一日、大熊町内の研修センターでスキルアップ研修を受けていた彼は、会社の命令でいわき市へと避難した。原子炉建屋の水素爆発の映像をテレビで見たときは、「とても現実のことだとは思えず、体がふわふわとしている状態」だったという。

「イチエフ」までのアクセスルートが確保できた一週間後、彼は待機指示が解かれると同時にJヴィレッジで装備を整え、はやる気持ちを抑えながら免震重要棟に向かった。運転員の仲間たちに電話をしても通じず、それまでは現地の状況も全く分からなかった。

「みんながとにかく疲弊し切った表情をしていたのが印象的でした。その様子を最初に見て、次はみんなの代わりに自分がやるしかない、と思いました。あの現場で働いてきたのは自分たちだし、その現場を知っているのも自分たちだけですから。いま思えば、あれが使命感というものだったのかもしれません。それに同じ三、四号の担当だった仲間が二人、行方不明にもなっていました。心配だったし、夢を見ているみたいな気持ちでした」

免震重要棟に到着した野々宮に与えられた任務は、三、四号機建屋の間にある中央操作室に行き、圧力容器や格納容器内の温度、原子炉内の水位などのデータを三時間に一度の間隔で確認することだった。四人一組のチームで車に乗り込み、三十五メートルエリアから建屋のある十メートルエリアへと向かう途中、先輩の運転員が言った。

「暗いから足下に注意しろ。だが、線量が高いから急がなければならない。それから、建屋の外観があまりに違うから、ショックを受けないように」

中央操作室に向かう海側の普段のルートは瓦礫で覆われていたため、いつもとは異なる山側の道を通った。車内は常にガタガタと揺れていた。窓の外を見ても電源を失った構内は暗闇に包まれていた。そんななか、闇夜にうっすらと浮かび上がった三号機の無残な姿に、夢見心地のままの彼の心は恐怖で震えた。「やるしかない」という免震重要棟での気持ちを思い出し、彼はその恐怖を懸命にねじ伏せようとした。

電源を失った操作室の灯りは仮設の照明だけで、室内は薄暗かった。普段の「ブーン」という運転音が消えた室内は、静けさに包まれていて不気味だった。海水でそこら中が濡れており、湿気と静けさが全面マスクの息苦しさを際立たせていた……。

東京電力では毎年三月一一日に、当時の記憶を各グループで振り返る機会を設けている。野々宮も白井の前で、そのような自らの体験をあらためて語ったことがある。その際にとりわけ心を込めて伝えたのが、行方不明となった二人の仲間の捜索についての話だったという。

「一週間後に来てからすぐに、四号機のタービン建屋の地下で捜索が始まりました。最初は同世代ということで止められたんです。行かない方がいい、って。でも、やっぱり自分も私の仲間も『行きたい』と手を挙げました。探さないわけにはいかない、と思いました。建屋に溜まった水を掻いて減らして……。作業時間に限りがあって、なかなかうまく進まなくて。本当につらくて、やり切れなかったです」

二人の運転員の遺体が確認されたのは三月三〇日のことだった。三日後の東京電力の発表によると死因は外傷による出血性ショックで、二人は定期検査中だった四号機の電源操作などの作業中だった。

野々宮が感情を抑え込みながら話すのを、白井は神妙な顔つきで聞いていた。それは野々宮にとっても、まだしっかりと言葉にはできていない体験だった。

「話すときは教訓だけではなく思いも伝えたいんです」と野々宮は言う。

「震災後入社の社員の数はまだまだ限られているけれど、いずれは社員の大部分が震災を直接体験しなかった人たちになる。でも、いまも仲間を失ったという気持ちが自分にはあるし、そのことを社員全員に忘れて欲しくないんです」

事故後入社の運転員の「イチエフ」における問題は、被曝線量の高い現場でのOJTが受けられないことだ。発電所の設備や内部は極めて複雑で、図面からだけでは現場のイメージがつかみ難い。白井もその点に苦労し、日々、野々宮に対して多くの質問を投げかけてきた。

「その意味で現場力はまだまだですが、白井はそれを補うくらいに机上での勉強をしているんです。夜勤のときに次の作業のマニュアルや図面を読みながら、真剣に色を塗ったりメモを取ったりしている様子を見ると心強いです。自分が二年目の時は先輩に締めろと言われれば締め、開けろと言われれば開ける、という感じでしたから、そこは事故後入社の意識の高さであるように思います」

白井も自らの現状について次のように話した。

「現場で繰り返し言われるのは、『一つひとつの作業のさらに先を見ろ』という言葉です。一つのバルブを閉じる作業にしても、『閉じろ』と言われて閉じて、じゃあ、それだけでいいのか。もし閉じきれていなかったら、水が隔離されずに流れるかもしれない。『その操作でここに水が流れたら、次にここに流れて警報が出る。警報が出て、さらにどうなると事故につながるか』と最悪の状態を常に考えるよう強く言われています」

原発事故を最前線で体験した野々宮と、事故後の東京電力に自分のいるべき場所を見出そうとした白井。震災時の体験を伝え、伝えられながら、二人は互いに運転員としての新しい結束を固めつつあるのだろう。

白井はインタビューの予定時間が終わりに近づいてきたとき、少し力を込めてこう語った。

「三十年後にもしこの廃炉の仕事が完了するのであれば、当直長としてそこに立ち会うのが今の夢です」

いつか自分が当直をまとめ、これまで教わったことを後輩たちに伝えながら、様々な判断を下す。彼らが原子炉をしっかりと管理しているからこそ、「廃炉」の作業も滞りなく進められていくのだから、と。

「そんなふうに仕事を続けていって、廃炉を見届けられたとしたら、本当に自分が何かをやり切ったという思いを、人生の中に持てるんじゃないかという気がしているんです」

さて、白井や下川の「働く理由」についての話を聞いて印象的だったのは、二人が「廃炉」の現場で働くことに自己実現の可能性を見出していたことだった。

震災の年に見たテレビ報道に違和感を覚えた下川は、これほどまで世の中から批判される企業で、果たして働きたいと思う人がいるだろうかと思った。だが、「廃炉」という作業は誰かがやらねばならない仕事であり、だからこそ敢えて手を挙げてそこに飛び込むことに、彼女は「仕事」を通して社会に貢献する自分の姿を見た。

白井にとっても福島第一原発の最前線で働くことは、これまで学校に対しても社会に対しても「他人事」のように接してきた自分に、確かな居場所を与えてくれる可能性を感じさせる選択だった。

もちろん原発事故がもたらした被害と喪失の大きさを思えば、彼らの話を「美談」としてそのまま受け入れるわけにはいかないのかもしれない。いまの彼らが抱いている率直な気持ちが、いつか東電という巨大な「組織」の論理によって裏切られないとも限らない。だが、そこで語られた仕事に対する純粋な思いに、私が胸をうたれたことも確かだった。

そんななか、少なくとも一つ言えそうなのは、震災前の東電に二人のような社員はおそらくいなかった、ということだ。彼らのような新しい世代の社員たちは今後、東京電力という会社を多かれ少なかれ変えていく主体となる存在であるはずだ。では、その採用の現場では何が起こっているのだろうか。

そこで私は同社で新卒の採用担当者に話を聞くため、新橋にある東京電力の本社を訪れることにした。

プロジェクト完遂型人材

福島第一原子力発電所における事故後の二年間、東京電力は新卒採用を取りやめている。

それまで同社は年に一千人規模の新卒採用を行なってきたが、採用を再開した二〇一四年度以降の新規採用数は毎年二百〜三百人。その後も同様に約四分の一の水準が続いた。

全体の社員数の推移を見ても、事故の影響には多大なものがあった。震災前、同社では約四万人の社員が働いていたが、事故後の従業員数は三万三千人程度だった時期もある。依願退職者数は震災の年だけで約二千八百人を数え、組織全体が劇的な勢いで縮小した。これは東京電力の約半世紀の歴史の中で、もちろん経験したことのない異常な事態だった。

当時、同社の採用担当のグループマネージャーを務めていた平岩直哉が、組織・労務人事室に異動したのは二〇一六年のことだ。本社の応接室で会った彼は、同社の新卒採用の現状を私が訊ねると、「そうですね——」と何とも複雑そうな表情を浮かべた。

「うちは震災前、就職人気ランキングに名前が出るような企業でしたから、採用活動でもどちらかと言えば、『東京電力のことを知りたい』という学生に受け身で話をしていればよかった。いまは逆に応募者数が激減し、我々の方から社内の実態やこれからの進む方向を学生たちにＰＲしていかなければならない。受け身の採用では成り立たなくなっています」

「廃炉」を進める同社の採用部門がここ数年繰り返しているのは、震災の前と後で求める人材像が大きく変化したことだ。

以前の東京電力では電力事業の特性ゆえに、決められた仕事を決められた通りに行なう「管理型人材」が最も多く必要とされてきた。だが、世界でも前例のない廃炉事業の現場は、新しい発想や技術をこれまでにないやり方で実現させることの連続だ。そのために必要な人材像を、彼らは「プロジェクト完遂型人材」と名付けている。

「廃炉は国内外の叡智を集結して行なう事業なので、チャレンジ精神が旺盛な若い社員を必要としています。自分のアイデアを提案する機会が多いので、それが積極的にできる方にぜひ来ていただきたいと言っているのですが……」

彼がそう口ごもるのは、採用活動のために様々な大学や研究室を訪れる中で、事故後の東京電力のイメージがあらゆる意味で様変わりしたと実感しているからだ。

以前は本社の配電部門にいた平岩は震災の翌々日から、イチエフと同様に電源喪失の危機にあった福島第二原発に駆け付けた一人だった。

後に廃炉推進カンパニーの最高責任者となる増田尚宏が所長を務めていた「ニエフ」は、津波によって電源を失い、辛うじて残された一基の非常用電源が原子炉を冷却するための最後の砦となった。彼らは電線ドラムを構内に運び込み、重い仮設ケーブルを繋ぎ合わせて原子炉の冷却をどうにか続けた。余震のサイレンが鳴る度に免震重要棟へ走って戻り、再び現場に向かう作業を何度も繰り返すうちに、「もうどうにでもなれ」という気持ちになったという当時の思いが、今も彼の胸には刻み付けられている。

二〇一六年に採用の現場に異動して以来、彼は自らのそんな体験を採用活動の中で自ずと語るようになっていった。かつては学生を選別していた東京電力という会社が、今では学生から選別される会社へと変わったことを肌で感じていったからである。

「以前は長いお付き合いのあった学校との関係が二年間の採用凍結で途絶え、研究室も私たちの会社には推薦を出し難い。当たり前ですよね。まっさらな新卒の子を受け入れて、事故の当事者になってもらいたい、と我々は言っているわけですから。だからこそ、僕らが最も気をつかっているのは、入社後のミスマッチを起こさないようにすることなんです。いまの我々が何を思っているのか、どういう気持ちで働いているのかも含めて、とにかく実態を正しく知ってもらう。なので、採用活動ではイチエフで働く若手社員を説明会に呼んだり、実際の視察の時間を多く取ったりしています」

同社への入社後は原発事故の「加害企業」としての振る舞いを求められること、浜通り地区での復興推進活動の詳細や、原発勤務の希望者には寮での生活環境なども細かく伝える。この点についてはどれだけ丁寧に伝えても、それで十分ということはないだろう。

そんななか、説明会や面接の場といった「採用活動」の現場では、これまでの常識からはかけ離れた光景が見られるようになった、と彼は話す。

とりわけ平岩が最初は戸惑い、後に「それも当然なのかもしれない」と考えるようになったのは、面接やセミナーの場で震災復興への思いを語りながら、涙を流す学生がときおり見られることだった。

そうした学生のなかには福島出身者もいたし、震災で何事かを感じ、社会に貢献したいという動機を持っている者もいた。彼ら彼女たちは目の前の採用担当者である平岩に対して、素朴だが当然の疑問とも言える様々な質問をぶつけた。福島のため、復興のためとか言っていますが、実際にはどう思っているんですか？　平岩さんは原子力部門にはいなかったんですよね。それなのに本当に自分たちが加害者だと思えたんですか？

質問に対して必死に自分の思いを表現して答えると、いつの間にか目の前の女子学生が泣いていた――。

「面接の場で喜怒哀楽を出すというのは、一般論としてはダメなのかもしれません。ただ、僕らの場合は採用の場がだんだんと本音で語り合う場になっていったんです」

平岩は自身の「ニエフ」での体験やその後の率直な思いを、そのなかで次第に話すようになっていったと言うのである。

「異動した当初の僕には事故後入社の若手たちが、なぜこの状況下でうちをわざわざ志望したのかが分からなかった。でも、採用の場での学生たちの姿を見るようになって、この会社が確かに変わっていかなければならないという実感を抱けるようになった気がするんです。この会社技術や経験もないから何ができるかは分からないけれど、この会社に漠然と入りたいと思ったと話す子もいる。接していると身に染みます。立ち止まっていられない、という気持ちになるんです」

それは彼にとって、事故後の東電で働き続ける理由を、自分自身に向けて問いかけていく時間でもあったのだろう。


「廃炉広報」

このように現在の東京電力では廃炉事業や採用活動など様々な現場で、「震災前」と「震災後」が混じり合い、せめぎ合っているわけだが、ここでもう一つ触れておかなければならない世代がある。それが「震災前」の就職活動で東電から内定を受け、「震災後」の二〇一一年四月に入社した「平成二十三年入社」の社員たちだ。

私が福島第一原発の新事務本館でそのうちの一人に話を聞いたのは、平岩に会う一か月ほど前のことだった。

その日、二〇一七年一一月二〇日、福島第一原発では二号機の原子炉格納容器ガス管理設備で異常を表す警報が鳴り、一部で放射線濃度の測定ができなくなるトラブルがあった。現場ではその復旧作業が続けられており、私が話を聞く予定だった広報部員の的場達矢も、午前中から対応に追われていた。

福島第一原発での広報担当者は「廃炉広報」と呼ばれ、的場は富岡町にある旧ＰＲ館などで行なわれる記者会見を主に担当していた。構内でトラブルがあれば当然、会見やプレスリリースによる発表が必要であるため、彼の携帯電話にはひっきりなしに着信が入るのだった。

的場は「平成二十三年」に東京電力に入社した一人で、現在は東京の本店の「企画室収支・財務領域兼海外事業室」で資金計画の策定などを担当している。二〇二一年からは海外事業室の一員として世界エネルギー会議への派遣も決まっており、その人事には会社からの期待の大きさが感じられる。そんな彼にとって自らのキャリアの原点であり続けているのが、二〇一一年四月からの震災対応の日々であり、二〇一六年から二年半ほど勤務した福島第一原発での経験だった。

二〇一一年三月の原発事故の発生当時、一か月後に入社を控えていた彼は、その事態をどのように受け止めたのだろう。そして、当時の思いは東京電力という会社で働く彼自身の〝いま〟と、どのようにつながっているのか。

「あのときは心配でしたし、不安でした。だって、就職活動の時に考えていた合理的な道筋が、事故によって根本から崩れてしまったわけですから――」

そう語る彼は取材当時二十九歳。物腰が柔らかく、年齢以上の落ち着きを感じさせた。質問の度に少し言葉を選ぶように考え込み、常に穏やかな調子で話す様子に誠実さが滲み出る人物であった。

震災の年の三月一一日の金曜日、一橋大学社会学部を卒業したばかりの的場は、友人と企画した「卒業旅行」で京都にいた。翌日に一号機の水素爆発があり、原発事故のニュースがテレビで流れるようになる。週明けには人事部から内定者のメーリングリスト宛てに、それでも予定通り研修は行なうという連絡があった。

的場が「就職活動の時に考えていた合理的な道筋が、根本から崩れてしまった」と語るのは、この世代の就職活動の前提に同社の「2020ビジョン」という中長期成長戦略があったからだ。

前年に当時の社長・清水正孝のもとで策定されたこの経営方針の目玉の一つには、海外事業に最大で一兆円の投資を行ない、そのための人材確保・育成に力を入れることが掲げられていた。

同社は七つの「バリューアッププラン」を定め、一つ目に「ゼロ・エミッション電源」の積極的な導入を挙げた。電力の「低炭素化」の推進のために原子力発電所を増設し、同時に事業の場を世界にも広げる、というものである。経済産業省の主導のもとでベトナムやトルコへの原発の輸出計画も進められており、積極的な投資のために二十九年ぶりとなる大型増資も行なわれた。的場が東京電力から内定を受けた二〇一〇年、同社はそのような華々しい成長戦略を公言する企業だった。

ところが、原発事故はその「前提」の全てを覆した。社会学部のゼミで医療政策を学んだ彼に、原子力についての知識はまだほとんどなかった。それでもテレビで報じられる爆発後の建屋の姿を見れば、「東京電力」と彼自身の将来に深刻な影が差していることは疑いようがなかった。

「私は当時、この会社がその事故によって、どのようになるのかはまだ具体的には想像できていませんでした。ひょっとすると入社を断られるんじゃないか、そうしたら自分はどうなるんだろう、という不安もありました」

的場が就職活動で東京電力を受けたのは、祖父が同社の変電課に勤めていたことが一つの背景にあった。「おばあちゃん子」だったという彼は幼い頃、祖母から「あなたも東京電力みたいな大きな良い会社に入りなさいよ」とよく言われた。彼にとってそんな同社のイメージは「安定」だった。電力という社会に不可欠なインフラをこつこつと守り、陰ながら人々の生活を支えていくという地道さに惹かれた——というのが率直な志望動機だった。

「だから、内定をもらったときは、大学の同期から『的場はつまらない選択をするよな』なんて言われたものでした。それが事故によって、存続が危ぶまれる企業で働くことになってしまったのですから、就職活動の時の思いとは全く逆の場所に行くような気持ちでしたね」

千七十七人の新入社員が出席するはずだった四月一日の入社式は、同社の五十一年の歴史で初めて中止になった。その日、的場は入社式に出席する代わりに、日野市の東電学園跡にある研修センターに行き、副社長から辞令の交付を受けた。日野市で研修を受けたのは三百三十四人で、辞令の交付前には黙禱も行なわれた。

「当社は事態の収束に向けて全力を傾けています。自分のできることから積極的に取り組んでほしい」

副社長のそのような空々しい挨拶とともに、彼らは例年通りの研修を受け始めたのである。的場の胸に今も残っているのは、自分たちを受け入れる社員たちの物々しい雰囲気だ。広い敷地内の建物を移動する際、「マスコミの方々がいますので、少し待ってください」と部屋で待たされたことも一度や二度ではなかった。

最寄りの京王線聖蹟桜ヶ丘駅から研修センターに向かう間にも、新入社員のコメントを取ろうとするテレビ局や新聞社の記者の姿があった。そんな状況の渦中で電気事業の基本や社会人マナーについて学んでいると、「外の世界」とのあまりのギャップに戸惑いを覚えた。

「俺たちどうなっちゃうんだろうな……」

自己紹介したばかりの同期のふとした呟きは、彼自身の率直な思いでもあった。

七月、研修を終えた的場は三人の同期とともに、西新宿にあるカスタマーセンターに配属された。

顧客と実際に電話でやり取りするカスタマーセンターは、震災の前年から一年目の社員が配属されるようになった部署だった。引っ越しによる住所変更や新規契約の手続き、停電のトラブルやオール電化についての問い合わせなど、営業や技術の基礎的な知識が幅広く学べるからである。

だが、二〇一一年七月時点のカスタマーセンターは、当然のことながら生やさしい職場ではあり得なかった。原発事故により多くの人々が故郷を追われており、賠償の仕組みもまだ全く決まっていない。室内の電話は深夜まで全く鳴りやまなかった。避難生活を強いられている浜通りの被災者、自主避難者、放出された放射性物質に不安を覚える人々……。そのなかに引っ越しの手続きなどの問い合わせも混じり、カスタマーセンターはまるで戦場のような状態だった。

泣きながら話す避難者がいれば、電話に出た途端に怒鳴りつけられることもあった。福島第一原発についてのテレビニュースが流れる度に、「いま『ニュース7』を見ているんだが、どうなっているのか説明してくれ」といった問い合わせがあり、「いい身分だよな。お前らは甘い汁を吸ってきたんだろ」「給料はいくらもらってんだ？」と酒に酔った声で二時間以上のあいだ問い詰められたこともあった。

的場はこれまでの人生で、見ず知らずの人に泣かれることも怒鳴られることも、もちろん初めての経験だった。一本の問い合わせを終えると、すぐさま次の電話を取った。悲しみや喪失、不安、やり場のない怒り、憎悪、興味本位の嘲りといった感情を、その度に電話口で受け止めた。

彼はまだ被災地に行ったこともなかったが、「東京電力」の一人の社員として、そのようなな形でなし崩し的に原発事故の「当事者」になっていった。

「実際に避難をされている方からの電話には、身に堪えるものがありました」と言うとき、当時の葛藤が胸に甦るのだろう、彼はその先の言葉を一度飲みこむように黙ってから次のように続けた。

「……私は震災前の会社の状態を何も知らないので、最初は『自分のせいではない』という気持ちも確かにあったんです。でも、たくさんの人たちと話すうちに、だんだんとその責めを受けるのは当然なんだ、と思うようになっていきました。私にはお金をお支払いすることも避難されている方の家の片付けをすることもできないけれど、電話でいまその人が不安に思っていることに耳を傾けることはできる。それが自分の仕事だ、と思って仕事を続けていました」

それが東京電力に入社した彼の二〇一一年だった。

人事部の秩序を壊してでも欲しい人材

的場は入社後の一年間、カスタマーセンターで原発事故に対する多くの怒りに触れるなかで、東京電力という会社で今後も働き続ける意味を否応なく考えざるを得なかった。周囲では同期たちが、次々に会社を去っていったからである。

二〇一一年度の間に辞職した新入社員の数は約三十人に上った（例年は千名のうち一名か二名だが、この年の入社組は二〇一七年までに二百人以上が辞職している）。その退社理由の多くは的場の見るところ、会社のイメージが一変したことに加え、前述の「２０２０ビジョン」の方針が現実的ではなくなったことが大きいようだった。海外投資を積極的に行なうとする将来像に惹かれ、海外勤務を夢見ていた事務系の新入社員にとっては特に、原発事故後の同社に留まる理由はほとんどないに等しかったからだ。

また、当時は厚生労働省による青少年雇用機会確保指針の改正を受けて、大学卒業から三年以内を「新卒扱い」とする企業が増え始めていた。そのため翌年に向けて就職活動をやり直すという選択は、目標を失った彼らにとって最も現実的なものであった。

カスタマーセンターで最初の一年間を送った的場もまた、辞めるという選択肢を幾度も真剣に考えたと振り返る。

「震災前の東京電力を何も知らない私にとって、この会社はしがみつく対象では全くありませんでした」

だが、その度に胸に甦ったのは、かつて友人たちから冗談交じりに言われた「的場はつまらない選択をするよな」という言葉だったという。

「就職活動をしていたときから、その言葉に反発する気持ちもあったんです。ところがこの会社に入ってみると、『安定』どころか、会社が根底から変わっていかなければならない事態になっているわけです。私たちはその変化の最前線で働くことになる。それなら三年目までは働いてみよう、と思いました。この会社に変わるつもりがなかったり、自分自身がその変革にかかわれずに成長できないと感じたりしたら、そのときに辞めればいい、って」

こうした思いを抱えていた的場が、東京電力で「事故の当事者」としてキャリアを積むことを心に決めたのは二〇一三年七月。本社の「ソーシャル・コミュニケーション室」への異動が大きな理由だった。入社三年目での本社勤務の内示は、同社のこれまでのキャリアパスではかなり異例の人事だったという。

社内で「SC室」と呼ばれていたソーシャル・コミュニケーション室は、同年に設置された新しい部署だった。福島第一原発の事故を受けて作られたこの部署の目的は、同社の原子力部門の改革の一環として、原子力エンジニアと広報部門との橋渡しを行なうというものだった。事故後の社内の調査によって、原子力部門と広報部門の相互不信の深刻さが顕在化したからである。

原子力発電は事故以前から、科学技術としての安全性が社会から問われ続けてきた。世論は推進派と反対派に二分されており、悲惨な事態となった東海村での臨界事故は言うまでもなく、現場での小さな事故やトラブルも常に物議を醸してきた。

だが、SC室の設置当初に副室長だった見學《けんがく》信一郎によれば、「現場の原子力部門のエンジニアたちには、原子力の技術が日本の社会や経済に寄与するものだという自負がある。そんななか、彼らにとっては小さなミスと判断されるものが、報道においてときに厳しい批判にさらされるため、現場には『きちんと真相を伝えられない広報部門に問題がある』と不満を抱く者も多かった」という。

一方で広報部門側の認識は、原子力発電とはそもそも社会から強く監視される技術であり、運用にミスがあればどれだけ言葉を尽くしても批判を受ける。そんなことは当たり前だ——というものだった。

「震災によって我々は以前からの両者の溝にきちんと向き合わなければならなくなった。その架け橋になる部署を作って人事交流も行ない、エンジニアにも世間がこの技術をどうとらえているかを、肌で学べるキャリアパスを用意する必要がありました。彼らの『批判ばかりを受けている』という意識をどうにかしない限り、廃炉だって前に進めないわけですから」

また、これは原子力部門だけの問題ではなく、東京電力が抱えてきた構造的な課題でもあった。

「この会社はきっちりとした官僚型・管理型の組織で、すべきことが細かく規定されたそれぞれの部門には、お互いに相手の領域を侵さないという不文律があった。実態をみんなで議論したり批評したりする文化がなかった」と見學は続ける。

だが、その雰囲気は現場におけるトラブルの過小申告や隠蔽、ごまかしを生み出す土壌になってきたのではないか。そうした企業風土を変えることは、廃炉事業を進めるためにも不可欠な条件だった。

　ＳＣ室は当初、社長だった廣瀬直己が室長を務める社長直下の小さな組織で、実際の業務を任されたのが見學だった。そして、彼がこの部署の設置に当たって、「人事部の秩序」を壊してでも欲しがったのが平成二十三年入社の社員だった。

「あの事故がきっかけでいろんなことが変わった。でも、たとえ事故がなくても、本当は変わっていなければならないことだった」と彼は言う。

「もっと自由闊達で、良い意味でのおせっかいを焼き合う組織や文化であるべきだった。廃炉を進めていくためには、部門を超えて課題に対して提案を行ない、関係者を巻き込んで解決していく姿勢が必ず求められます。しがらみのない平成二十三年の入社の彼らは、その改革を担っていく象徴的な世代でした」

　事故が起こるまで「部門同士の溝」が放置され続けてきたという見學の認識には、今となっては呆れる思いも呼び起こされる。ただ、これまで距離のあった双方の部門の融和を図るにあたって、彼が「東京電力の過去を知らない世代」を必要としたことは確かに象徴的だった。そして、何よりも自分が「平成二十三年入社」の若手社員を、この目で見てみたかったと彼は話すのである。

　見學は震災前、「２０２０ビジョン」にも掲げられた原発の海外進出の計画を、政府とともに推進する企画部の実務責任者だった。震災当日はトルコのイスタンブールにおり、福島第一原発の全電源喪失の知らせを現地で受けた。翌日、トルコ政府との協議会場で水素爆発の映像を見た彼は、すぐさま日本に戻って対応に当たることになった。

震災の一週間後、彼は当時の官邸と経営層の指示を受け、復旧までのロードマップを一か月間で作る責任者となった。それが現在の「廃炉ロードマップ」の原型となる。後にＳＣ室への平成二十三年入社の若手の参加にこだわったのは、ロードマップを作り終えた頃、周囲に退職者が次々と出始めた苦い思いが胸に残り続けていたからだったという。

入社の直前に事故が起こり、東京電力は「名前を言うことすら憚られる会社」になった。原子力発電の事業の恩恵を受けてきた自分たちの世代が、事故に対する加害者としての責任を背負うのは当然だ。しかし、転職する選択肢がありながら会社に残り、その加害性を進んで背負うことを選んだ「平成二十三年入社」は自分たちとは違う――。

「彼らは僕らにとって、この会社の使命を果たす担い手に見えました。以前の会社には、上司とその下の人たちの間で、与えられる情報や権限にかなりの開きがあった。しかし、こうした事故を起こした僕らは、多種多様な意見を取り入れてやっていかなければならない。その意味で彼らは貴重な存在だったんです。僕も含めて事故前の入社の社員は、いずれ会社を去っていく。福島の方々への贖罪と賠償、廃炉の責任を受け継いでくれる若い世代を、僕らには作っておく責任があった」

二〇一三年にそうしてＳＣ室に異動となった的場は、そこで主に各国の大使館関係者への対応を担当した。ＳＣ室には前述の通り原子力部門の技術者も配属された。そこでＳＣ室の窓口となり、大使館関係者への広報活動をともに行なうというのが、的場に与えられた大きな仕事だった。

彼はイチエフへの視察会や柏崎刈羽原発の見学会の企画を担当し、外務省主催の説明会での東電側のブリーフィングの手配など、二年間の配属期間中に約百カ国の大使館とやり取りをした。

「特に多くかかわったのはアメリカ、それから韓国、中国、台湾といった近隣の国々でした。他にもフィリピンや香港、オーストラリアですね。海がつながっているので、イチエフの汚染水の問題が報じられると、すぐに説明に向かうんです。彼らはチェルノブイリの事故直後みたいな印象を現場に持っていたので、実際の現場の写真や映像を見ながらの説明も繰り返し行ないました」

SC室でこうした仕事に携わることで、彼は「事故の責任を自分も背負っていこう」という覚悟がはっきりと決まったと振り返る。

東電本社のSC室は副室長の見學を中心とした十名ほどの組織で、事故前の東電を知らない二人の「平成二十三年入社」は彼から頻繁に意見を求められた。

「会社の良い時代を知っている上の世代の人たちは、ときどき『あの頃は良かった』という文脈で物事を語ることがあるんです。でも、その時代を知らない僕らには、そうした文脈は響きません。問題があれば、忖度なくはっきりと意見を言ってきたつもりです」

私にとって興味深かったのは、SC室時代の彼が企画して進めた仕事の一つに、「月刊いちえふ。」という冊子の発刊があることだ。その冊子は福島第一原発で働く作業員や協力企業向けのもので、廃炉作業に携わる作業員のインタビューや仕事内容が紹介されている。彼がこの冊子の発行を企画したのは、年に一度の発電所内の労働環境についてのアンケートで、「イチエフ」で働いていることを家族に言えないでいる作業員が多い、という調査結果を知ったからだったという。

「構内で働く数千人という作業員さんたちは、廃炉を進めるために何よりも重要な方々です。その方々が、イチエフで働いていることを家族にも黙っているというのはショックでした。彼らが自宅に持って帰って、こんな仕事をしているんだと胸を張って渡せる冊子を作りたいと思ったんです。カスタマーセンターにいるときも、会社への怒りはなくならなくても、的場という私自身の人格を認めてもらえた時は、『おまえの話は分かった』と言ってもらえることがありました。それと同じで東電と対立している人であっても、現場で働いている人たちとであれば繋がれるかもしれない、と」

『はいろみち』

的場は上司である見學の了承を得ると、「イチエフ」の様々な部署に掛け合って協力企業の責任者と話し、誌面に登場してくれそうな作業員を探した。アンケートで「家族に言えない」と答える作業員もいるなかで、内部向けの雑誌とは言えインタビューに答えてくれるかどうか、最初は不安だった。それでも各企業の上役に冊子の意図を説明するうちに、ぽつぽつと取材を受けてくれる作業員を紹介してもらえるようになった。

冊子の仕事自体は小さなものかもしれないが、それをSC室において見學から一任されたことで、的場は「廃炉という仕事」に対して自分にも果たせる役割があるのだと、少しずつ実感していったのである。

的場はSC室で三年間を過ごした後、自ら福島第一原発への配属を希望し、二〇一六年三月から廃炉広報へ異動となった。同部署では『はいろみち』という雑誌の創刊を続けて企画し、廃炉の現場の様子を伝える工夫を続けた。

地域向けの雑誌として創刊したその『はいろみち』を持って、彼は地元のコンビニエンスストアや富岡町に新しくできた「さくらモール」を回ったことがある。普段、単身寮に住む若い東電社員にとって、事故によって深刻な被害を受けた「地域」は近くて遠い存在だ。だから、雑誌を置いてもらうために「東京電力の者です」と名乗るとき、彼は話を聞いてもらえなくても仕方ないと思っていた。

だが、雑誌の内容について説明すると、コンビニの店長やモール内の店の従業員はひとまず彼を受け入れた。

「東電の宣伝ではなく、ありのままを伝える雑誌なら置いてあげるよ」

そう言われたことが今も胸に焼き付いている。

「東京電力には事故前の世代、事故後の世代、そして平成二十三年入社という三種類の社員がいるんです」と彼は言った。

「以前のこの会社の広報誌は〝五重の壁〟とか〝原子力の安全性〟みたいなものばかりでし

た。私はそういうものではなく、廃炉の現場でどんな人たちが働いているのか、そして、その現場が今どうなっているのかを、少しでも伝えることが大事だと思っています。雑誌はその小さな種みたいなものですが、そうした新しい広報の形を提案していくのは、事故後に入社した自分たちの世代の役割だと感じています」

もし就職活動をしていたときに事故がすでに起こっていたら、東京電力という会社を受けることはなかった。だからこそ、「平成二十三年入社」は自分のアイデンティティだと感じている、と彼は続けた。

「三十年、四十年と続くこの廃炉という仕事を、きちんと見届けてやろうという気持ちがあります。例えば、自分の企画した雑誌の最終号がそのときもまだあれば、孫なんかに『俺はこの事故があった年に入社したんだ』と話せるかもしれない。そんなふうに胸を張って言える会社員人生を歩んでいきたい」

二〇一六年三月から福島第一原発に配属された的場は、二年半後の二〇一八年七月まで「廃炉の現場」で過ごした。その間には事故の「語り部」の一人だった廃炉推進カンパニーの初代所長・増田尚宏の交代もあった。これからも長く続く廃炉作業の中で、いつか事故当時を知らない世代が現場を率いる日もやってくる――組織のトップの交代に広報の一人としてかかわりながら、彼はそのことを実感した。以来、「事故前」と「事故後」をどのようにつないでいくかという問いは、東京に戻ってからもずっと重いものであり続けている。

二〇二〇年の秋、私は東京で久々に的場に会った。会社の収支計画の作成を担当し、細身のスーツ姿で働く三十二歳の彼の雰囲気は、作業服姿で二十代最後の年を過ごしていた時とは一変していた。だが、あの「廃炉の現場」にいた経験がいま、自らのキャリアにとってどのような意味を持っているかを聞くと、彼は当時と同じ静かな口調で言った。

「エクセルで何億円、何十億円という数字を扱っていると、ときおり『現場』を忘れそうになっている自分に気づくことがあります」

それからやはり言葉を探すように彼は少し黙り込み、「でも――」と次のような思いを続けて語った。二年半の福島第一原発での経験は、「いかに稼ぐか」を考える現在の仕事が常に背負っている十字架を、自分に今も意識させている、と。

そして、そう語るとき彼の胸に過るのは、福島第一原発の現場で見た「廃炉という仕事」に携わる人たちの姿であるようだった。

「様々なプロフェッショナルの人たちが、自分の持ち場で淡々と今このときも役割を果たしている。思えば廃炉の仕事はもちろん、東電のあらゆる事業が彼らに支えられているわけです。私が見ている数字とは、そうした人々の仕事の集積なんですよね。それを決して忘れてはならないということを、私はあの現場で教わったのだと思っています」

エピローグ

二〇二〇年七月のある日のことだ。私は約一年ぶりに資源エネルギー庁の木野正登と会い、帰還困難区域に指定されたままの場所をいくつか巡った。

大熊町の真新しい役場で待ち合わせた後、彼の運転するミニバンに乗り、通りの入口で係員に許可証を提示してから、未だ誰も暮らすことのできない地区を走る。

震災当初のままに陳列された洋服が、ボロボロになったままハンガーにかかっている衣料店、錆だらけになった何台もの車、崩れ落ちるかのように傾いている家屋……。道から見るだけでも室内はイノシシなどの野生動物に荒らされ、窓や扉が水害に遭った後のように割れている。そこには事故から九年半という歳月にさらされ、まるで風化するように朽ちつつある町並みがあった。

かつて原発マネーの恩恵で建てられた公共施設も、入口には野生動物の糞が散乱し、建物全体が繁茂した草や木に覆われつつあった。そして、原発から四、五キロメートルの距離にあり、多数の入院患者が避難中に亡くなった双葉病院——その建物もまた、森の中に埋もれていこうとしているかのようだった。

もう一つ胸に焼き付いたのは大熊町立熊町小学校で見た光景だった。慌ただしい避難だったのだろう。教室には児童たちの習字や工作が当時と同じ状態で残されており、それぞれの机の上に黄色い道具箱が置かれている教室があれば、事典のおそらくは同じページが開かれたまま放置されている教室もある。この教室にいた子供たちはいま、十五歳から二十一歳になっている。それは原発事故によってこの土地の時が止まってしまったことを、強烈に印象付ける象徴的な光景だった。

こうした現実の中に、「廃炉」とはどのように位置づけられるのだろうか。今後、議論を深めていかなければならないことの一つが、その「廃炉」とはそもそも何かという問題だろう。

国と東京電力は二〇一一年一二月に初めて「中長期ロードマップ」を公表した際、十年以内に溶け落ちた燃料の取り出しを開始し、三十年から四十年後を「原子炉施設解体」の終了の時期の目標とした。こうした表現から多くの人が思い浮かべるのは、事故を起こした福島第一原子力発電所の構内が更地となり、広大な「グリーンフィールド」となる未来ではないだろうか。実際に本書で取材をした人々も、そのようなイメージを以て「廃炉」を語っていた。

だが、実はそうした「廃炉のゴール」について、国や東電が具体的な姿をはっきりと提示したことはない。日本原子力学会が二〇二〇年七月に「全撤去」や「部分撤去」などのケースを検討する報告書を発表しているが、未だ全容が不明の「デブリ」の取り出しが実現可能なのかという問題も含め、「廃炉という仕事」は今もなお、その最終的な目標が曖昧なまま進められているわけである。

廃炉をめぐるそんな状況を思うとき、木野に「いつも記者の方を案内している場所があるんです」と言われて向かった帰還困難区域のもう一つの光景を私は思い出す。

福島第一原子力発電所の敷地のすぐ南側の沿岸に、福島県栽培漁業センターというアーチ形の屋根が特徴的な施設がある。

原発から排出される温水を利用し、アワビやアユ、ヒラメなどの放流用種苗を生産していたこの養殖場は、東日本大震災による津波で全壊した。現在も被災当時のままの状態で放置されている施設を訪れると、コンクリートの割れ目から繁茂したアジサイや雑草に以前の養殖池が覆われていこうとしていた。

その一角にあるくすんだ黄色の建物のひび割れた壁に、赤いスプレーで次のような言葉が書かれている。

〈TEPCO　WILL　LAST　FOR　1000　YEARS〉

かつてこの場所を訪れた誰かが記した落書き――廃炉作業は千年経っても終わらないという意味なのか、それとも、廃炉作業によって東電は千年続く企業になった、という意味なのか。いずれにせよ、それは皮肉以外の何物でもなかった。そして、この落書きを視線にかすめた向こう側には、発電所の建物が夏の湿った空気の中にぼんやりと浮かんでいた。

その日、そうした帰還困難区域での取材を終えてから、私たちは浪江町の請戸地区に向かった。それは異動を頑なに固辞してまで福島に留まろうとしてきたという木野が、その思いの原点として挙げた場所だった。

二〇一七年三月一一日、この地区の大平山という高台に新しい霊園が作られた。

大平山は海から二キロメートルほど離れた場所にある高台で、そこからは草原のようにほとんど何もない町の荒涼とした風景が遠くまで見える。

新しく作られた防潮堤の手前に敷かれた道路を、土砂を積んだダンプトラックがひっきりなしに行き来していた。そして、そこには犠牲者を悼むための慰霊碑があり、次のような碑文が記されている。

平成二十三（西暦二〇一一）年三月十一日午後二時四十六分。福島・宮城・岩手を中心に最大震度七の地震が発生した。この地震により家屋は倒壊し、道路は寸断された。その約四十分後に浪江町沿岸に津波の第一波が到達した。第二波が襲来した後、さらに高さ十五mを超す大津波が町を襲った。住民にはこれまで大津波被災の記憶はなく、避難が遅れ大津波に驚愕し、請戸・中浜・両竹・南棚塩の集落は全てのみ込まれた。

翌十二日には東京電力福島第一原子力発電所の事故により、国から避難指示が発令されたため、住民は避難を余儀なくされ、捜索や救命を断念せざるをえなかった。この地震と津波により、住民百八十二名の尊い命が失われた。私達は、災害は再び必ずやってくることを忘れてはならない。

　ここは太古の昔から人が住み、青い海と白い砂浜を眺望できる所である。この地に、犠牲者の御霊を慰めるとともに、先人が愛した豊穣の大地と海を慈しみ、浪江町の復興を願い、この碑を建立する。

平成二十九年三月十一日　建立者　浪江町

福島第一原子力発電所での廃炉作業の現場は、常にこうした光景をすぐ隣に抱えている。二〇二〇年の春以降、新型コロナウイルスの流行はその廃炉の現場にも変化をもたらした。福島第一原発には県外から働きに来る作業者も多く、感染者が出た場合は廃炉作業の進捗にとってはもちろん、地域社会にも大きな影響を与えてしまう。そこで構内ではマスクの着用や消毒の他、休憩所の食堂での対面の食事が禁止され、八月からは県外からの新たな作業者全員にPCR検査が求められるようになった。

　また、特に感染対策が徹底されたのは原子炉の冷却を担う運転員たちだ。彼らには寮から現場に向かう際に乗るバスや食事の時間帯が指定され、他の作業員との接触を極力少なくする措置がとられた。ただ、年末にかけてウイルスの流行が第三波を迎えると、現地で作業員の感染者が確認され始めている。

　そんななか、ロードマップに示された「廃炉」の工程にも大きな影響が生じた。二号機でデブリとみられる堆積物の接触に成功した翌々年の二〇二一年は、本来、廃炉作業にとって大きな節目となるはずだった。調査による知見を踏まえた上で、数グラム程度のデブリの試験的な取り出しが実施される予定だったからだ。

　しかし、取り出し作業で使用するロボットアームはイギリスの施設での動作試験の後、楢葉遠隔技術開発センターで操作訓練が行なわれることになっていた。ウイルスの変異種が広がるイギリスではロックダウンが実施され、開発に携わるエンジニアが自由に移動できない。試験の見通しが立たなくなったことで、国と東京電力は二〇二一年内におけるデブリの取り出しを断念した。

　事故から十年、そのような新たな現実に直面しながら、福島第一原子力発電所での廃炉作業は今も続けられている。

あとがき

東日本大震災から十年が経つ。

二〇一一年の四月に初めて三陸沿岸の被災地を訪れて以来、この災害にまつわるいくつかのノンフィクションを書いてきた。そんななか、私にとって一つの原点になっているのは、当時、仙台から八戸までの沿岸を結ぶ国道四五号線の道路復旧の取材をしたことだ。

リアス式海岸に沿って走る三陸の道は震災直後、津波によって壊滅的な被害を受けた。国道四五号線は「命の道」と呼ばれ、救助・救援活動にとって重要な幹線道路だった。その動線を確保するため、道々を覆った瓦礫を退かし、道路を復旧したのが地元の土木建設会社や自衛隊、国交省の現地事務所や地元自治体の人々だった。

余震と津波警報の中での作業は危険で、さらに犠牲者の遺体の捜索を兼ねざるを得ないつらいものだったが、それでも現場に向かった彼らの多くが語っていた言葉がある。それは「これは誰かがやらなければならない仕事だ」というものだ。取材を『命をつないだ道』という一冊にまとめた後も、ずっと胸から離れなかったのが、ときに絞り出されるようにして語られたその言葉だった。

本書を書き終えたいま、震災について何かを描こうとするとき、自分にとって今なおその言葉が一つの起点であり続けていることをあらためて実感する。

本文にも書いた通り、私が初めて福島第一原発を訪れたのは、二〇一七年の九月のことだった。

事故を起こした原子力発電所に向かう国道六号線の風景、人のいない大熊町の帰還困難区域――。

様々な割り切れなさを感じさせる車窓の光景の先に、「廃炉の現場」が唐突に現れたときの気持ちは忘れられない。陸の孤島のようなその場所で続けられている困難な作業もまた、誰かが担わなければならない仕事の一つであるに違いない、と思った。

そのような場所で働く人々は、どんな思いを抱きながら自らの仕事に向き合っているのだろう。

ピーク時には七千もの人たちが働いていた大規模な現場である。本書に描かれるのはそのほんの一部の世界に過ぎないが、それでも会社組織の命を受けて現地に赴任し、「廃炉という仕事」の最初の十年に携わった登場人物たちの体験や思いは、様々な課題を抱える廃炉作業の一面を伝えるものであると思う。廃炉の現場はときにあまりにも遠い場所のように感じられるが、本書が少しでもその現場への理解を深めるとともに、これからも長く続く作業を注意深く見ていく上での一助になればと願っている。

最後に、本書のいくつかの章のもとになった原稿は、『新潮45』（第二章、第三章、第七章）、『中央公論』（第一章、第五章）に掲載され、単行本化に当たって新たな取材と大幅な加筆を行なった。インタビューに応じてくださった方々に何よりのお礼を申し上げたい。また、新潮社の担当編集者である岡田葉二朗さん、正田幹さん、並びに若杉良作さんには、取材・執筆の過程で多くの助言をいただいた。ここに記して感謝します。

二〇二一年一月　稲泉連

稲泉連（Ren Inaizumi）

1979（昭和54）年、東京生れ。早稲田大学第二文学部卒。2005年『ぼくもいくさに征くのだけれど―竹内浩三の詩と死―』（中公文庫）で第36回大宅壮一ノンフィクション賞を受賞。他の著書に『宇宙から帰ってきた日本人―日本人宇宙飛行士全12人の証言』（文藝春秋）、『アナザー1964 パラリンピック序章』（小学館）、『「本をつくる」という仕事』（ちくま文庫）、『ドキュメント豪雨災害―そのとき人は何を見るか』（岩波新書）などがある。

廃炉《はいろ》　「敗北《はいぼく》の現場《げんば》」で働《はたら》く誇《ほこ》り

著　者　稲泉《いないずみ》　連《れん》

発　行　2021年 2 月 15 日

発行者　佐藤隆信
発行所　株式会社新潮社　郵便番号 162-8711
東京都新宿区矢来町 71
電話：編集部　03-3266-5611
読者係　03-3266-5111
https://www.shinchosha.co.jp

印刷所　錦明印刷株式会社
製本所　大口製本印刷株式会社

ISBN978-4-10-332092-0　C0095